過渡安定度と
周波数変動計算

新田目 倖造 著

「d-book」シリーズ

http : //euclid.d-book.co.jp/

電気書院

凡 例

本書の記号は，原則として次の例によった．
(a) 単位は，〔m〕，〔kg〕，〔s〕などのMKS有理系を用いる．
(b) 瞬時値を表わすには，v, i などの小文字を用いる．
(c) 実効値を表わすには，V, I などの大文字を用いる．
(d) ベクトル量を表わすには，$\dot{V}$, $\dot{I}$ などを用いる．
(e) 角を表わすには，α, θ, δ などのギリシャ文字を用いる．（別表）
(f) 単位を表わす略字を記号文字の後に使用するときは，V〔kV〕，I〔A〕などとかっこを付する．
(g) 実用上重要と思われる数式，図面には＊印を付する．

別表 ギリシャ文字の読み方

大文字	小文字	読み方	大文字	小文字	読み方
A	α	アルファ	N	ν	ニュー・ヌー
B	β	ベータ・ビータ	Ξ	ξ	・クサイ・グザイ
Γ	γ	ガンマ	O	o	オミクロン
Δ	δ	デルタ	Π	π	・パイ
E	ε	・イプシロン	P	ρ	ロー
Z	ζ	・ジータ	Σ	σ	シグマ
H	η	・イータ	T	τ	タウ・トー
Θ	θ	・シータ	Υ	υ	・ウプシロン
I	ι	・イオタ	Φ	ϕ, φ	・ファイ
K	$\varkappa$	カッパ	X	χ	・カイ
Λ	λ	・ラムダ	Ψ	ψ	・プサイ
M	μ	ミュー・ムー	Ω	ω	・オメガ

（注）通信工学ハンドブック（電気通信学会，丸善，昭32.7）による．
・印は，おもに英語風な読み方のなまった通称．

目次

1 発電機の模擬方法

- 1·1 X_d' モデル ………………………………………………… 2
- 1·2 突極性と電力・相差角曲線 ………………………………… 3
- 1·3 過渡モデル ………………………………………………… 5
- 1·4 詳細モデル（Park式）……………………………………… 9
- 1·5 電圧調整器と調速機 ……………………………………… 12

2 過渡安定度計算方法

- 2·1 負荷の模擬方法 …………………………………………… 13
- 2·2 故障点の等価回路 ………………………………………… 14
- 2·3 過渡安定度計算方法 ……………………………………… 14

3 1機無限大母線系統の過渡安定度

- 3·1 等面積法 …………………………………………………… 17
- 3·2 1機無限大母線系統の安定限界 ………………………… 20
- 3·3 安定度に影響する諸要因 ………………………………… 21
- 3·4 送電距離，電圧と送電容量 ……………………………… 23

4 電源脱落時の周波数，潮流変化

- 4·1 定常時の周波数変化 ……………………………………… 24
- 4·2 過渡時の周波数変化 ……………………………………… 27
- 4·3 発電機間の負荷分担 ……………………………………… 31
- 4·4 連系線の潮流変化 ………………………………………… 35

5 系統並列時の動揺

- 5·1 ループ系統の開閉 ………………………………………… 39
- 5·2 異系統並列 ………………………………………………… 41

付録・1	界磁鎖交磁束の変化	45
付録・2	系統動揺時の制動効果	47
付録・3	過渡安定限界故障遮断時間の求め方	49
付録・4	電源の周波数特性	51

1 発電機の模擬方法

固有過渡安定度　電力系統の固有過渡安定度に影響を及ぼす発電機特性としては
(1) 運動特性
(2) 突極性
(3) 界磁回路の過渡特性
(4) 制動巻線回路の過渡特性
(5) 電機子回路の過渡特性

表 1·1 発電機特性の模擬方法

発電機特性	1. X_d'モデル	2. 過渡モデル	3. 詳細モデル (Park式)
(1) 運動特性	△ $(1·1)$式	△ $(1·29)$式	○ $(1·45)$式
(2) 突極性	×	△ $(1·5)$式 $(1·6)$式 $(1·7)$式 $(1·12)$式	○ $(1·32)$式 $(1·37)$式 $(1·38)$式
(3) 界磁巻線回路の過渡特性	×	△ $(1·13)$式	○ 同上
(4) 制動巻線回路の過渡特性	×	△ $(1·28)$式	○ 同上
(5) 電機子巻線回路の過渡特性	×	×	○ 同上
用途	擾乱発生後, 1～2秒以内	同左 数秒以内	同左 10秒程度以内

（注）○：精密に模擬，△：近似的に模擬，×：省略

があげられる．

　これらをすべて精密に模擬した過渡安定度計算は，きわめて複雑になるので，目的に応じて適宜簡略化される．

　これらの特性をどの程度の精度で模擬するかによって，およそ次のように分類される．*

　(a) X_d'モデル　　直軸過渡リアクタンスX_d'とその背後電圧で模擬する最も簡単な方法で，(1)は近似的な運動方程式で表わし，(2)〜(5)は省略する．

　(b) 過渡モデル　　(1)〜(4)を近似式で模擬する．

　(c) 詳細モデル　　Parkの方程式により(1)〜(5)をすべて精密に模擬する．

　以下に，これらの概要を述べる．

＊　系統安定化委員会；電力系統の安定度（電気協同研究，第34巻，第5号，昭54-1）

1・1 X_d' モデル

図1・1において，過渡内部電圧$\dot{E}'$は故障前の発電機端子電圧$\dot{V}$に，X_d'における電圧降下$jX_d'\dot{I}$を加えたものとして求められ，その大きさE'は動揺中一定とみなす．これは，発電機の直軸と横軸の過渡リアクタンスX_d'，X_qが等しく，すなわち過渡時の突極性を無視し，かつ$\dot{E}'$を誘起する鎖交磁束数$\dot{\Psi}'$が動揺中変化しないものとみなしている．

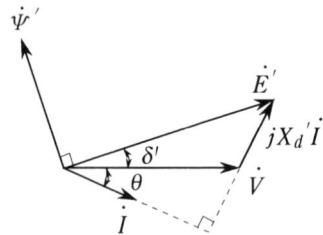

図1・1 X_d' モデル

発電機の運動方程式

発電機の運動方程式は，次のように表わす．

$$\frac{M}{\omega_n}\frac{d^2\delta'}{dt^2} = P_M - P \qquad (1\cdot1)$$

ここに，M：発電機の慣性定数
ω_n：定格角速度$=2\pi f_n$〔rad/s〕
δ'：$\dot{E}'$の位相角
P_M, P：発電機の機械的入力，電気的出力〔PU〕

回転子の位相角動揺

回転子の位相角動揺は，正しくは図1・2のq軸の位相角δで表わすべきものであるが，近似的にδ'で表わしている．(注)

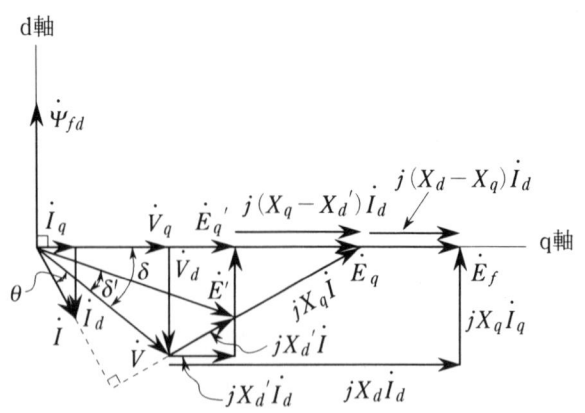

図1・2 突極機のベクトル図

（注）同期機等価回路については，「同期発電機の三相短絡電流とリアクタンス」参照

X_d'モデル　　X_d'モデルは，系統故障などの擾乱発生後1秒程度以内で，発電機動揺の第1波については実系統に近い解析結果が得られるので，過渡安定度の基本的特性や概略安定限界を求める場合に用いられる．

1·2　突極性と電力・相差角曲線

図1·2のように発電機端子電圧$\dot{V}$，電流$\dot{I}$を，直軸を虚数軸，横軸を実数軸とする複素平面で表わすと

$$\dot{V} = V_q + jV_d = V(\cos\delta - j\sin\delta) \tag{1·2}$$

$$\dot{I} = I_q + jI_d \tag{1·3}$$

$$\begin{aligned} P + jQ = \dot{V}\bar{\dot{I}} &= (V_q + jV_d)(I_q - jI_d) \\ &= V_d I_d + V_q I_q + j(V_d I_q - V_q I_d) \end{aligned} \tag{1·4}$$

$$\therefore \left. \begin{array}{l} P = V_d I_d + V_q I_q \\ Q = V_d I_q - V_q I_d \end{array} \right\} \tag{1·5}$$

発電機内部電圧降下　発電機内部電圧降下については図1·2より

$$\begin{aligned} \dot{V}_d = jV_d &= -jX_q \dot{I}_q \\ &= -jX_q I_q \quad (\because \ \dot{I}_q = I_q) \end{aligned} \tag{1·6}$$

$$\begin{aligned} \dot{V}_q = V_q &= \dot{E}_q' - j\dot{X}_d' \dot{I}_d \\ &= E_q' + X_d' I_d \quad (\because \ \dot{E}_q' = E_q, \ \dot{I}_d = jI_d) \end{aligned} \tag{1·7}$$

$$\left. \begin{array}{l} I_d = \dfrac{V_q - E_q'}{X_d'} = \dfrac{V\cos\delta - E_q'}{X_d'} \\ I_q = -\dfrac{V_d}{X_q} = \dfrac{V\sin\delta}{X_q} \end{array} \right\} \tag{1·8}$$

(1·2)，(1·3)，(1·8)式を(1·5)式の第1式に代入して

$$\begin{aligned} P &= V_d I_d + V_q I_q \\ &= (-V\sin\delta)\left(\frac{V\cos\delta - E_q'}{X_d'}\right) + (V\cos\delta)\left(\frac{V\sin\delta}{X_q}\right) \\ &= \frac{E_q' V}{X_d'}\sin\delta + \left(\frac{1}{X_q} - \frac{1}{X_d'}\right)V^2\sin\delta\cos\delta \\ &= \frac{E_q' V}{X_d'}\sin\delta + \frac{(X_d' - X_q)V^2\sin 2\delta}{2X_d' X_q} \end{aligned} \tag{1·9}$$

定態時には，上式で $E_q' \to E_f$, $X_d' \to X_d$ とおいて

$$P = \frac{E_f V}{X_d}\sin\delta + \frac{(X_d - X_q)V^2}{2X_d X_q}\sin 2\delta \tag{1·10}$$

また，X_d' の背後電圧 E' 一定の場合は (1·9) 式で $X_q = X_d'$, $E_q' \to E'$, $\delta \to \delta'$ とおいて

$$P = \frac{E'V}{X_d'}\sin\delta' \tag{1·11}$$

電力・相差角曲線

図1·3は同図に示す定数を持った定格容量 W_n の円筒機と突極機が，外部リアクタンス X_e を通して無限大母線に接続された1機無限大母線系統について，電力・相差角曲線を画いたものである．同図 (a) は $X_e = 0$, (b) は $X_e = 0.5$ 〔PU〕(発電機定格容量基準) の場合である．

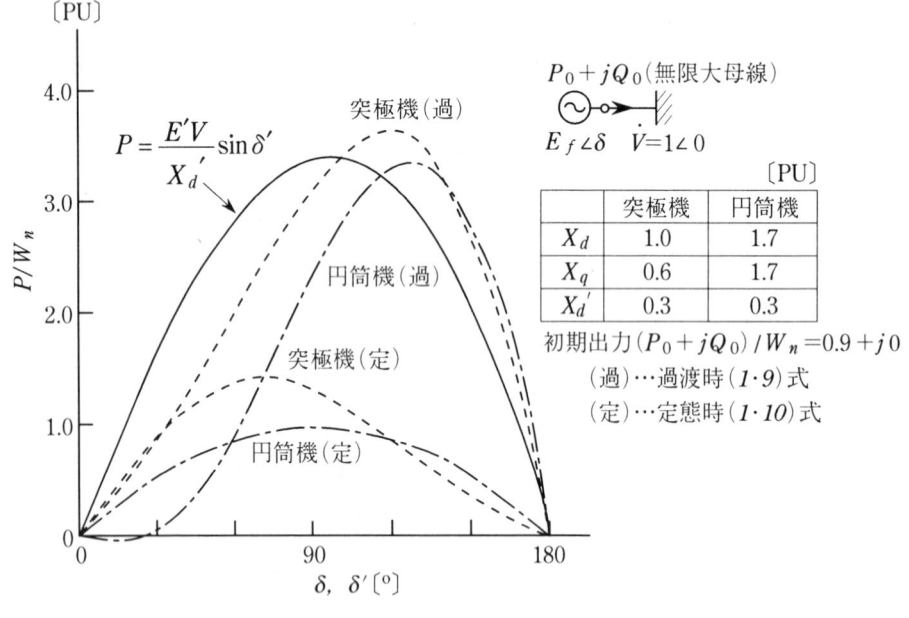

(a) 外部リアクタンスなし

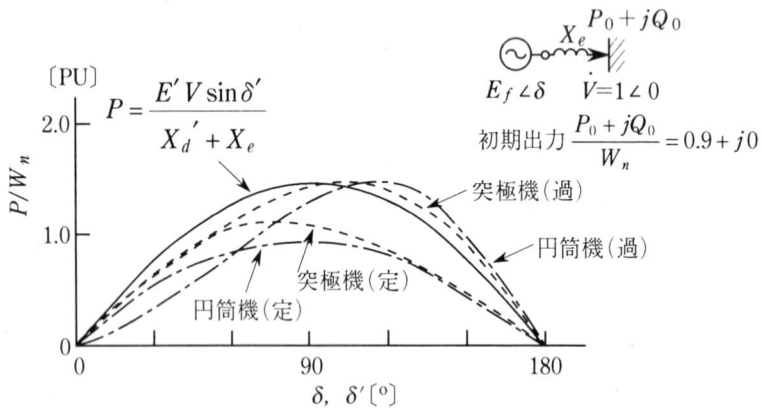

(b) 外部リアクタンスあり ($X_e = 0.5$ PU on W_n)

図1·3 過渡時と定態時の電力・相差角曲線

故障や送電線遮断などの大擾乱発生直後には界磁鎖交磁束数 Ψ_{fd} は一定，すなわち E_q' は一定であるから，過渡時の $P-\delta$ 曲線にしたがって動揺する．$\Psi_{fd} \propto E_q'$ は時

定数 T_{d0}' で変化し，動揺が減衰した後には，定態時の $P-\delta$ 曲線に落着く．

同図より次の傾向がみられる．

(1) 過渡突極性

過渡突極性を考慮した場合の内部位相角 δ は，過渡突極性を無視して E' 一定とした場合の E' の位相角 δ' よりも大きくなる．しかし，最大電力や初期の $P-\delta$ 曲線の傾斜 (= 同期化力) は，いずれの場合も大きな差はない．これらの差は外部リアクタンスが大きくなると減少する傾向がある．

したがって，擾乱があまり大きくないときは，過渡突極性を無視して近似的に X_d' 背後電圧一定として模擬できる．

(2) 界磁鎖交磁束の変化

界磁鎖交磁束数 Ψ_{fd} は，擾乱後時定数 T_{d0}' (= 2～10秒) で変化し，擾乱後1秒程度以内では $\Psi_{fd} \propto E_q'$ 一定とみられるので，X_d' 背後電圧一定と近似できる．

1・3 過渡モデル

(1) 突極性と界磁磁束変化

発電機電圧・電流は，図1・2のベクトル図のように直軸分と横軸分に分けて表わせる．横軸の位相角は，横軸同期リアクタンス X_q の背後電圧 $\dot{E}_q$ によって決定される．横軸過渡内部電圧 $\dot{E}_q'$ は

$$\dot{E}_q' = \dot{E}_f - j(X_d - X_d')\dot{I}_d \tag{1・12}$$

ここに，$\dot{E}_f$ は界磁電流に比例する内部電圧で，磁気飽和を無視し単位法で表わせば界磁電流に等しくなる．$\dot{I}_d$ は直軸電流である．

$\dot{E}_q'$ は動揺時，次の微分方程式にしたがって変化する (付録・1)．

$$E_{fd} = T_{d0}' \frac{dE_q'}{dt} + E_f \tag{1・13}$$

ここに E_{fd} は，界磁電圧に比例する内部電圧で磁気飽和を無視し，単位法で表わせば界磁電圧に等しい．

(1・13) 式の意味を理解するために，図1・4のように，発電機端子 (電圧 $\dot{V}_{q0}$) に外部リアクタンス X_e を接続して直軸電流 $\dot{I}_{d0}$ が流れているときに，発電機端子で三相短絡 (SW 投入) を起したときの諸量の変化を調べてみる．

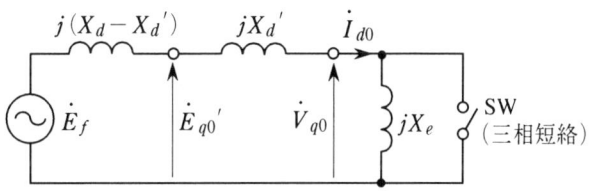

図1・4 リアクタンス負荷時の直軸回路

ただし，界磁電圧は一定とする．

短絡前のベクトル図は，図1・5(a) に示すように，単位法では $E_{fd} = E_{f0}$ で，(1・

13)式の $\left(dE_q'/dt\right)=0$ である．三相短絡直後は同図(b)のベクトル図に示すように界磁鎖交磁束数 Ψ_{fd} は一定であるから，Ψ_{fd} によって誘起される $\dot{E}_q'$ は短絡前と変わらない．これは，もしも短絡直前直後の微少時間 $\Delta t(\to 0)$ に Ψ_{fd} が変化したとすれば，$\Delta\Psi_{fd}\neq 0$ で，電磁誘導の法則により $(\Delta\Psi_{fd}/\Delta t)\to\infty$ の電圧が誘起されるという矛盾を生ずるからである．短絡直後に流れる電機子短絡電流の増加分 $(\dot{I}_d-\dot{I}_{d0})$ による界磁鎖交磁束数の変化を打消すように，界磁回路に過渡電流 (i_f-i_{f0}) が流れるために，Ψ_{fd} が一定に保たれることになる．

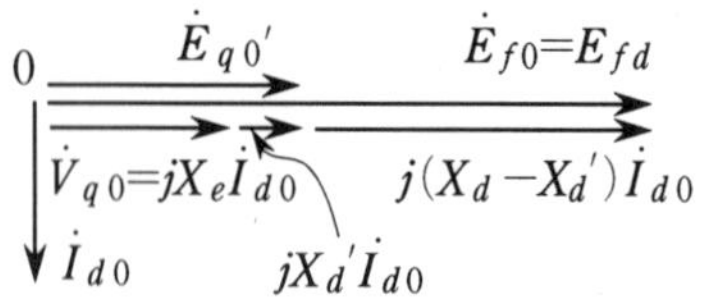

(a) 短絡前

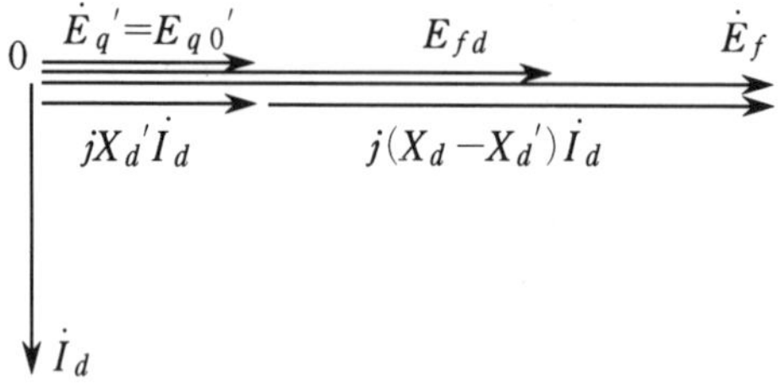

(b) 短絡直後

図 1·5　短絡前後のベクトル図

界磁過渡電流　界磁過渡電流が界磁回路の時定数により減衰するにしたがって，$\Psi_{fd}\propto E_q'$ も (1·13) 式にしたがって次のように減衰する．

$$I_d = \frac{E_q'}{X_d'} \tag{1·14}$$

であるから，

$$\begin{aligned}E_f &= E_q' + \left(X_d - X_d'\right)I_d \\ &= E_q' + \frac{\left(X_d - X_d'\right)E_q'}{X_d'} = \frac{X_d}{X_d'}E_q' \end{aligned} \tag{1·15}$$

これを (1·13) 式に代入して

$$E_{fd} = T_{d0}'\frac{dE_q'}{dt} + \frac{X_d}{X_d'}E_q' \tag{1·16}$$

$$\therefore\ E_q' = \left(E_{q0}' - E_{q\infty}'\right)\varepsilon^{-\frac{t}{T_d'}} + E_{q\infty}' \tag{1·17}$$

ここに，$E_{q0}' = \dfrac{E_{fd}\left(X_d' + X_e\right)}{X_d + X_e}$ ： $(t=0)$ のときの E_q'

$E_{q\infty}' = \dfrac{E_{fd}X_d'}{X_d}$ ： $(t=\infty)$ のときの E_q'

1·3 過渡モデル

$$T_d' = \frac{X_d'}{X_d} T_{d0}'$$

なぜなら，(1·17)式を(1·16)式に代入すれば，

$$\frac{dE_q'}{dt} = -\frac{1}{T_d'}\left(E_{q0}' - E_{q\infty}'\right)\varepsilon^{-\frac{t}{T_d'}}$$

$$= -\frac{X_d}{X_d' T_{d0}'}\left(E_{q0}' - E_{q\infty}'\right)\varepsilon^{-\frac{t}{T_d'}} \qquad (1·18)$$

$$T_{d0}'\frac{dE_q'}{dt} + \frac{X_d}{X_d'}E_q' = -\frac{X_d}{X_d'}\left(E_{q0}' - E_{q\infty}'\right)\varepsilon^{-\frac{t}{T_d'}}$$
$$+ \frac{X_d}{X_d'}\left(E_{q0}' - E_{q\infty}'\right)\varepsilon^{-\frac{t}{T_d'}} + \frac{X_d}{X_d'}E_{q\infty}'$$
$$= E_{fd} \qquad (1·19)$$

となり，(1·17)式は(1·16)式を満足するからである．

同様にE_f, I_dも時定数T_d'で変化し，これらを図示すると図1·6となる．

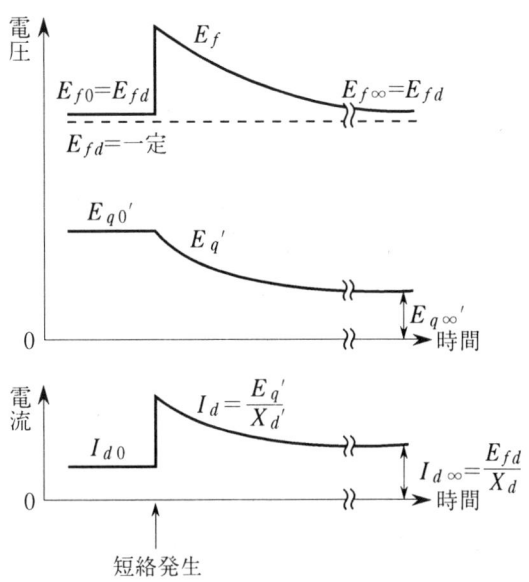

図1·6 短絡時の電圧・電流変化

(2) 制動効果

発電機の動揺時には，制動巻線や界磁巻線に過渡電流が流れて誘導電動機と同様のトルクを生じ，位相角動揺を抑制する制動効果が働く．また，原動機の蒸気系または水系では速度変化時に速度に比例してエネルギー損失を生ずるため，これが制動効果を生ずる．前者の概要は次のとおりである．

誘導電動機の同期回転数をN_n〔rpm, 回/分〕，実際の回転数をN〔rpm〕とすれば，滑りsは，

$$s = \frac{N_n - N}{N_n} \qquad (1·20)$$

回転子が静止しているときは，固定子巻線を一次巻線，回転子巻線を二次巻線とする変圧器とみなせるから，図1·7(a)の等価回路で表わせる．r_s, r_rは固定子，

回転子巻線の抵抗, x_s, x_r は同じく漏れリアクタンス, $\dot{Y}_0$ は励磁アドミタンスである. 空隙には同期速度で回転する磁束 Φ_g を生じ, これによって一次, 二次巻線には定格周波数 f_n の電圧 $\dot{E}_g$ を誘起する. ただし, インピーダンスと電圧は一次側に換算した値とする. 回転子が滑り s で回転しているときは, Φ_g に対して相対的に滑り s で回転しているから周波数 sf_n の電圧 $s\dot{E}_g$ を誘起する (図 1·7 (b)).

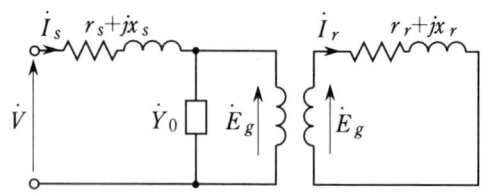

(a) 回転子静止時 ($s=1$)

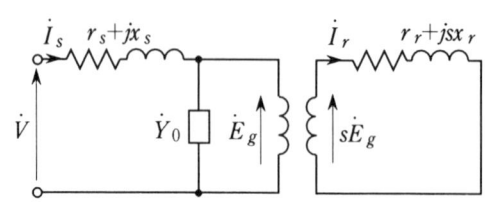

(b) 回転子回転時 ($s<1$)

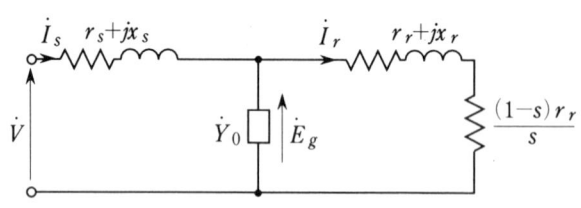

(c) 回転子回転時 ($s<1$)

図 1·7 誘導電動機の等価回路

回転子のインピーダンスは, (r_r+jsx_r) となるから回転子電流 $\dot{I}_r$ は,

$$\dot{I}_r = \frac{s\dot{E}_g}{r_r+jsx_r} = \frac{\dot{E}_g}{\dfrac{r_r}{s}+jx_r}$$

$$= \frac{\dot{E}_g}{(r_r+jx_r)+\left(\dfrac{1-s}{s}\right)r_r} \tag{1·21}$$

となり誘導電動機は図 1·7 (c) の等価回路で表わせる. 同図で近似的に励磁アドミタンス $\dot{Y}_0$ を省略すれば, 固定子電流 I_s は,

$$I_s{}^2 = I_r{}^2 = \frac{V^2}{\left(r_s+\dfrac{r_r}{s}\right)^2+(x_s+x_r)^2} \tag{1·22}$$

V: 電動機端子電圧

電動機の機械的出力 P_M は等価抵抗 $\left(\dfrac{1-s}{s}\right)r_r$ で消費される電力に等しい.

$$P_M = \frac{1-s}{s}r_r I_r{}^2 = \frac{(1-s)sr_r V^2}{(sr_s+r_r)^2+(x_s+x_r)^2 s^2} \tag{1·23}$$

電動機の機械的出力

$s \ll 1$ のときは近似的に

$$P_M = Ds \tag{1·24}$$

と表わされ，機械的出力はsに比例する．損失を無視すれば，図1·8(a)のようにこれは電動機への電気的入力P_Eに等しい．同図(b)のように，発電機の場合，電力P_Dを系統向にとれば，

$$P_D = -Ds \tag{1·25}$$

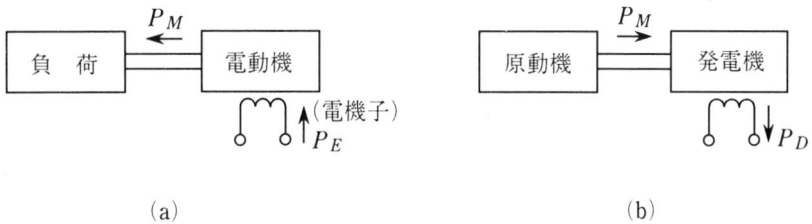

図1·8 電動機と発電機の電力方向

すなわち誘導電動機を原動機によって同期速度以上で回転すれば，$s<0$，$P_D>0$となり誘導発電機となる．

　同期発電機でも回転数が同期速度からずれて$s\neq 0$となると，制動巻線や界磁巻線が誘導発電機の回転子巻線の働きをして電気的出力を生ずる．回転子の角速度ωは

$$\omega = \omega_n + \frac{d\delta}{dt} \tag{1·26}$$

$\omega_n = 2\pi f_n$：位相基準軸の角速度

$$\therefore \quad s = \frac{N_n - N}{N_n} = \frac{\omega_n - \omega}{\omega_n} = -\frac{1}{\omega_n}\frac{d\delta}{dt} \tag{1·27}$$

これを(1·25)式に代入して

$$P_D = \frac{D}{\omega_n}\frac{d\delta}{dt} \tag{1·28}$$

ここに，D：制動係数（発電機定格出力基準で，原動機系の制動係数（$1\sim 2$〔PU〕*）を含めて$1\sim 5$〔PU〕程度とされている）

P_D：制動トルクに相当する電力

したがって制動効果を考慮した発電機の運動方程式は次のようになる．

$$\frac{M}{\omega_n}\frac{d^2\delta}{dt^2} + \frac{D}{\omega_n}\frac{d\delta}{dt} + P = P_M \tag{1·29}$$

1·4　詳細モデル(Park式)

(1) 磁束鎖交数

発電機の直軸，横軸回路の回転子側各巻線の鎖交磁束数は次式で表わされる．

$$\left.\begin{aligned}\psi_{fd} &= m_{afd}i_d + l_f i_f + m_{fDd}i_{Dd}\\ \psi_{Dd} &= m_{aDd}i_d + m_{fDd}i_f + l_{Dd}i_{Dd}\\ \psi_{Dq} &= m_{aDq}i_q + l_{Dq}i_{Dq}\end{aligned}\right\} \tag{1·30}$$

---

*　系統安定化専門委員会；電力系統の安定度，（電気協同研究，第34巻，第5号（昭和54-1））

1 発電機の模擬方法

ここに，ψ_{fd}, ψ_{Dd}, ψ_{Dq} ：界磁巻線，直軸，横軸制動巻線の鎖交磁束数
i_f, i_{Dd}, i_{Dq} ：上記各巻線の電流
i_d　i_q ：直軸および横軸電機子巻線電流
（i_d は直軸正方向の電流を正とする）

また，直軸，横軸電機子巻線鎖交磁束数 ψ_d, ψ_q は，

$$\left.\begin{array}{l}\psi_d = l_d i_d + m_{afd} i_f + m_{aDd} i_{Dd} \\ \psi_q = l_q i_q + m_{aDq} i_{Dq}\end{array}\right\} \quad (1\cdot 31)$$

上式を電機子側に換算すれば

$$\left.\begin{array}{l}\Psi_{fd} = X_{afd} I_d + X_f I_f + X_{fDd} I_{Dd} \\ \Psi_{Dd} = X_{aDd} I_d + X_{fDd} I_f + X_{Dd} I_{Dd} \\ \Psi_{Dq} = X_{aDq} I_q + X_{Dq} I_{Dq} \\ \Psi_d = X_d I_d + X_{afD} I_f + X_{aDd} I_{Dd} \\ \Psi_q = X_q I_q + X_{aDq} I_{Dq}\end{array}\right\} \quad (1\cdot 32)\text{*}$$

電磁誘導電圧

(2) 電磁誘導電圧

電機子巻線の鎖交磁束数ベクトルを $\dot{\Psi}$，電磁誘導電圧を $\dot{V}'$ とすれば，

$$\left.\begin{array}{l}\dot{\Psi}\varepsilon^{j\omega t} = (\Psi_q + j\Psi_d)\varepsilon^{j\omega t} \\ \dot{V}'\varepsilon^{j\omega t} = (V_q' + jV_d')\varepsilon^{j\omega t}\end{array}\right\} \quad (1\cdot 33)$$

a 相電機子巻線の鎖交磁束数，電磁誘導電圧は，$\dot{\Psi}\varepsilon^{j\omega t}$, $\dot{V}'\varepsilon^{j\omega t}$ の実数部に等しい．
電磁誘導の法則より

$$\begin{aligned}\dot{V}'\varepsilon^{j\omega t} &= -\frac{d\dot{\Psi}\varepsilon^{j\omega t}}{dt} \\ &= -\left(\frac{d\Psi_q}{dt} + j\frac{d\Psi_d}{dt}\right)\varepsilon^{j\omega t} - j\omega(\Psi_q + j\Psi_d)\varepsilon^{j\omega t} \\ &= \left\{\left(-\frac{d\Psi_q}{dt} + \omega\Psi_d\right) - j\left(\frac{d\Psi_d}{dt} + \omega\Psi_q\right)\right\}\varepsilon^{j\omega t}\end{aligned} \quad (1\cdot 34)$$

$(1\cdot 33)$, $(1\cdot 34)$ 式より

$$\left.\begin{array}{l}V_d' = -\dfrac{d\Psi_d}{dt} - \omega\Psi_q \\ V_q' = -\dfrac{d\Psi_q}{dt} + \omega\Psi_d\end{array}\right\} \quad (1\cdot 35)$$

電機子巻線
端子電圧

電機子巻線端子電圧 $\dot{V}$ は，$\dot{V}'$ から電機子巻線抵抗の電圧降下 $R_a(I_q + jI_d)$ を差引いたものであるから

$$\begin{aligned}\dot{V} &= V_q + jV_d \\ &= (V_q' + jV_d') - R_a(I_q + jI_d) \\ &= (V_q' - R_a I_q) + j(V_d' - R_a I_d)\end{aligned} \quad (1\cdot 36)$$

1・4 詳細モデル（Park式）

$(1\cdot35)$, $(1\cdot36)$式より

$$V_d = -\frac{d\Psi_d}{dt} - \omega\Psi_q - R_a I_d$$
$$V_q = -\frac{d\Psi_q}{dt} + \omega\Psi_d - R_a I_q$$
$(1\cdot37)$ *

また，回転子回路の電圧は

$$E_{fd} = \frac{d\Psi_{fd}}{dt} + R_f I_f$$
$$0 = \frac{d\Psi_{Dd}}{dt} + R_{Dd} I_{Dd}$$
$$0 = \frac{d\Psi_{Dq}}{dt} + R_{Dq} I_{Dq}$$
$(1\cdot38)$ *

$(1\cdot32)$, $(1\cdot37)$, $(1\cdot38)$式は，パーク(Park)の方程式[1,2]と呼ばれ，これらによって発電機の電気的特性を精密に表わすことができる．

運動方程式

(3) 運動方程式

発電機の出力は，$(1\cdot5)$第1式に$(1\cdot37)$式を代入して

$$\begin{aligned}P &= V_d I_d + V_q I_q \\ &= \left(-\frac{d\Psi_d}{dt} - \omega\Psi_q - R_a I_d\right)I_d + \left(-\frac{d\Psi_q}{dt} + \omega\Psi_d - R_a I_q\right)I_q \\ &= -\left(I_d \frac{d\Psi_d}{dt} + I_q \frac{d\Psi_q}{dt}\right) + (-\Psi_q I_d + \Psi_d I_q)\omega - R_a(I_d^2 + I_q^2)\end{aligned}$$
$(1\cdot39)$

上式の第1項は電機子巻線の磁気エネルギーの減少率，第2項は空隙を通して伝達される機械的パワー P_g，第3項は電機子巻線の電力損失である．機械角 ω_M と電気角 ω の間には $\omega = \frac{p\omega_M}{2}$，($p$：磁極数)の関係があるが，$\omega_n = \frac{\omega_{Mn}}{2}$ を基準とする単位法で表わせば，

$$\omega\,[\mathrm{PU}] = \frac{\omega}{\omega_n} = \left(\frac{p\omega_M}{2}\right)\bigg/\left(\frac{\omega_{Mn}}{2}\right) = \frac{\omega_M}{\omega_{Mn}} = \omega_M\,[\mathrm{PU}]$$

となるから，空隙を通して伝達されるトルク T_g は，

$$T_g = \frac{P_g\,[\mathrm{PU}]}{\omega_M\,[\mathrm{PU}]} = -\Psi_q I_d + \Psi_d I_q\,[\mathrm{PU}]$$
$(1\cdot40)$ *

また，運動方程式は，

$$I\frac{d\omega_M}{dt} = T_a$$
$(1\cdot41)$

ここに，$I = \dfrac{M}{\omega_{Mn}^2}$ ：回転体の慣性能率 $[\mathrm{kg}\cdot\mathrm{m}^2]$

$M = M_0 W_n$ ：回転体の慣性定数 $[\mathrm{MW}\cdot\mathrm{s}]$

M_0 ：単位慣性定数 $[\mathrm{MW}\cdot\mathrm{s}/\mathrm{MVA}]$

W_n ：基準容量 $[\mathrm{MVA}]$

[*1]：Concordia：Synchronous Machines. (John Wiley & Sons (1975)).
[*2]：真栄城：新しい同期機の表現法(電力中央研究所，技1研，業務資料No.70003，(昭45-11))

$T_a = T_t - T_g$ ：加速トルク〔N・m〕

T_t ：原動機トルク〔N・m〕

定格加速トルク T_{an} は，

$$T_{an} = \frac{W_n}{\omega_{Mn}} \tag{1・42}$$

と表わせるから，(1・41)式を(1・42)式で割って

$$\frac{(M/\omega_{Mn}^2)}{(W_n/\omega_{Mn})}\frac{d\omega_M}{dt} = M_0 \frac{d}{dt}\left(\frac{\omega_M}{\omega_{Mn}}\right) = \frac{T_a}{T_{an}} \tag{1・43}$$

したがって運動方程式は単位法で次のように表わせる．

$$M_0 \frac{d\omega\,[\mathrm{PU}]}{dt} = T_a\,[\mathrm{PU}] \tag{1・44}$$

または

$$\frac{M_0}{\omega_n}\frac{d^2\delta}{dt^2} = T_a\,[\mathrm{PU}] \tag{1・45}*$$

$$\left(\because \frac{d\omega\,[\mathrm{PU}]}{dt} = \frac{1}{\omega_n}\frac{d\omega}{dt} = \frac{1}{\omega_n}\frac{d^2\delta}{dt^2}\right)$$

1・5 電圧調整器と調速機

動的過渡安定度計算では，発電機の電圧調整器(AVR)や調速機(Governor)を次のように模擬する．

電圧調整器　電圧調整器は，端子電圧 V_t と基準値 V_s との差 $(V_t - V_s)$ を検出して界磁電圧 E_{fd} を制御し，V_t を V_s に維持するように働く(図1・9)．V_t と E_{fd} の関係は電圧調整器の特性に応じて異なるが，伝達関数または時間に関する連立微分方程式で表わされる．

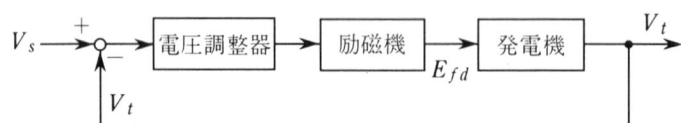

図1・9　発電機励磁制御系の概念図

調速機　調速機は，発電機回転角速度 ω (これは回転数に比例する)と基準値 ω_s との差 $(\omega - \omega_s)$ を検出して，原動機の機械的入力 P_M を制御し，ω を ω_s に維持するように働く(図1・10)．ω と P_M の関係は，伝達関数または連立微分方程式で表わされる．

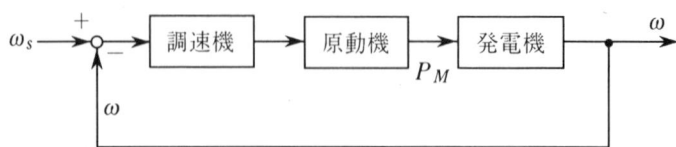

図1・10　発電機速度制御系の概念図

2 過渡安定度計算方法

2·1 負荷の模擬方法

定インピーダンス模擬

(1) 定インピーダンス模擬

故障前の潮流計算によって求めた負荷の電圧を $\dot{V}$，電力を $P+jQ$ とすれば負荷の等価インピーダンス $\dot{Z}$ は

$$\left.\begin{array}{l} P+jQ = \dot{V}\bar{\dot{I}} \\ \dot{V} = \dot{Z}\dot{I} \end{array}\right\}$$

より，

$$\dot{Z} = \frac{\dot{V}}{\dot{I}} = \frac{\bar{\dot{V}}\dot{V}}{\bar{\dot{V}}\dot{I}}$$

$$= \frac{V^2}{P-jQ} \qquad (2\cdot1)$$

定インピーダンス模擬は，系統動揺時の負荷を一定インピーダンス $\dot{Z}$ で表わすもので最も簡単な方法である．

負荷特性模擬

(2) 負荷特性模擬

定格電圧 V_n 付近の負荷の電力，無効電力は

$$\left.\begin{array}{l} P = P_n \left(\dfrac{V}{V_n}\right)^{K_{LV}} \left(\dfrac{f}{f_n}\right)^{K_{LF}} \\ Q = Q_n \left(\dfrac{V}{V_n}\right)^{K_{LV}'} \left(\dfrac{f}{f_n}\right)^{K_{LF}'} \end{array}\right\} \qquad (2\cdot2)$$

ここに，f_n, f：定格周波数および動揺時周波数

P_n, Q_n：定格電圧，周波数における負荷の電力，無効電力

負荷特性定数

と表わされる．負荷特性定数 $K_{LV}, K_{LF}, K_{LV}', K_{LF}'$ は負荷の種類や運転状態によって異なるため，実測によっても精密な値を求めることはむずかしい．

近似的に周波数特性は無視して $K_{LF} = K_{LF}' = 0$ とし，定インピーダンス負荷（$K_{LV} = K_{LV}' = 2$），定電流負荷（$K_{LV} = K_{LV}' = 1$），定電力負荷（$K_{LV} = K_{LV}' = 0$）の組合せで模擬することもある．

2・2　故障点の等価回路

　送電線や母線における1線地絡，2線地絡，3線地絡，1線断線，または，遮断器の単相遮断などの各種故障条件は，対称分等価回路によって表わされる．通常の1地点のみの単純故障の場合は，故障点からみた零相，逆相インピーダンスがわかれば，これを正相回路に接続することによって故障時の等価回路を構成できる(図2・1).

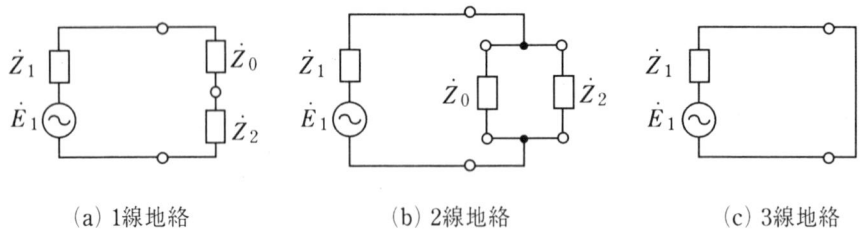

(a) 1線地絡　　　　　(b) 2線地絡　　　　　(c) 3線地絡

図2・1　故障点の等価回路

2・3　過渡安定度計算方法

　たとえば図2・2のような系統で，L_1送電線に時刻$t=0$で三相短絡故障が発生し，0.1秒でL_1送電線を三相遮断し，$t=0.5$秒で三相再閉路を行った場合の各発電機の動揺を$t=T_{max}$まで計算する場合には，図2・3のように全計算時間T_{max}をΔt秒(たとえば0.01～0.02秒)きざみに分割し，各時間きざみごとに，発電機の運動方程式などによって発電機位相角などを逐次計算する，いわゆるステップ・バイ・ステップ計算法が用いられる．

ステップ・
バイ・ステップ
計算

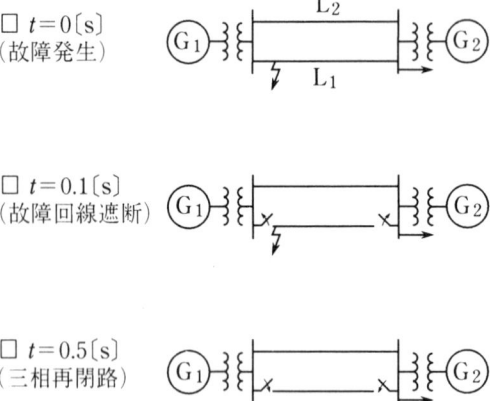

図2・2　故障系統(例)

過渡安定度計算　　図2・4には過渡安定度計算の一般的な概略フロー図を示す．その概要は次のとおりである．

2·3 過渡安定度計算方法

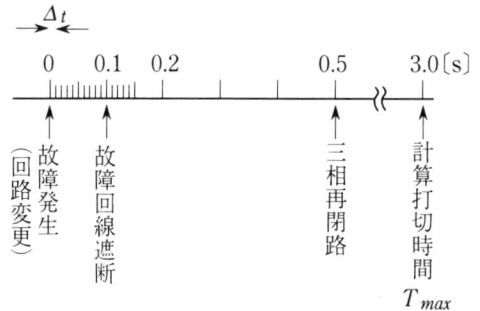

図2·3 故障シーケンス(例)

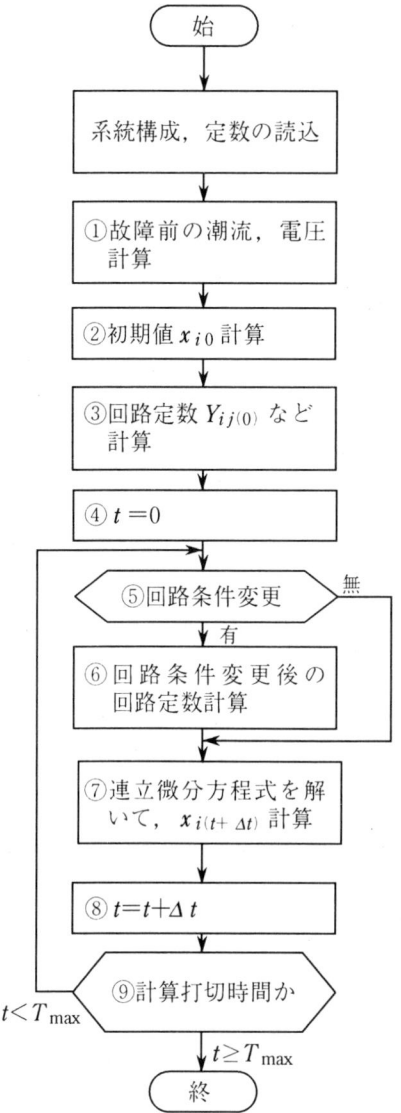

図2·4 過渡安定度計算概略フロー図

① 故障前の系統構成，発電，負荷条件にもとづいて潮流計算を行う．
② 発電機の内部電圧，位相角，出力などの初期値 E_{i0}, δ_{i0}, P_{i0} （これらをまとめて x_{i0} とする）などを求める．
③ 発電機内部電圧間の伝達アドミタンス $Y_{ij(0)}$ を求める．非対称故障の場合には零相，逆相回路定数も計算する．
④ $t=0$ にセットする．
⑤ 故障発生や遮断器開閉など回路条件の変化の有無を調べる．
⑥ 回路条件変化のある場合には，変化後の回路定数 Y_{ij} などを計算する．

2 過渡安定度計算方法

⑦ 発電機特性を表わす連立微分方程式を解いて，Δt 秒後 $(t=t+\Delta t)$ の $x_{i(t+\Delta t)}$ を次のように計算する．

(a) 簡略法

$E_i' = $ 一定として，Y_{ij}, α_{ij}, $\delta_{ij(t)}'$ を用いて電力方程式から

$$P_{i(t)} = \sum_{j=1}^{n} Y_{ij} E_i' E_j' \sin\left(\delta_{ij(t)}' + \alpha_{ij}\right) \tag{2·3}$$

から $P_{i(t)}$ を求める．次に運動方程式

$$\frac{M_i}{\omega_n}\frac{d^2\delta_{i(t)}'}{dt^2} = P_{Mi} - P_{i(t)} \tag{2·4}$$

から Δt 秒後の $x_{i(t+\Delta t)}$ を求める．

(b) 近似法または精密法

$(2·3)$ 式の代りに

$$P_{i(t)} = \sum_{j=1}^{n} Y_{ij} E_{qi} E_{qj} \sin\left(\delta_{ij(t)} + \alpha_{ij}\right) \tag{2·5}$$

$(2·4)$ 式の代りに $(1·29)$，$(1·44)$ 式または $(1·45)$ 式を用い，さらに発電機特性を表わす前述の諸式を用いて Δt 秒後の $x_{i(t+\Delta t)}$ を求める．電圧調整器，調速機を考慮する場合は，これらを表わす微分方程式を解いて，Δt 秒後の制御系状態変数を求める．

⑧ 時間を $t = t + \Delta t$ にセットする．

⑨ $t < T_{max}$（計算打切時間）ならば，⑤にもどり，Δt 秒後の諸量を計算する．以下の⑤～⑨のステップを $t \geq T_{max}$ となるまで繰返す．

3 1機無限大母線系統の過渡安定度

3・1 等面積法

図3・1のように，発電機が2回線送電線を通して無限大母線に送電している系統で1回線遮断時の発電機の動揺を調べる．

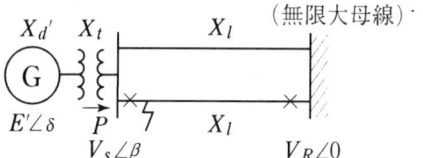

図3・1 1機無限大母線系統

電力・相差角曲線

(1) 発電機を X_d' の背後電圧 E' 一定で模擬すれば，2回線運転時の電力・相差角曲線は，図3・2(a) P_1 となり，次式で表わせる．

$$P_1 = \frac{E'V_R}{X_1}\sin\delta \tag{3・1}$$

ここに，$X_1 = X_d' + X_t + \dfrac{X_l}{2}$: 2回線時の合計リアクタンス

X_t : 変圧器リアクタンス

X_l : 送電線1回線あたりのリアクタンス

δ : 無限大母線に対する発電機過渡内部電圧の位相角（前項まで δ' と表わしたが，以後簡単のため δ と表わす）

V_R : 無限大母線電圧

発電機の初期運転状態は，出力 P_{10}，位相角 δ_0 のa点で表わせる．このときの原動機入力 P_M は発電機内の損失を無視すれば P_{10} に等しい．

$$P_M = P_{10}$$

1回線遮断

(2) 1回線遮断後は，E'，V_R は一定で合計リアクタンスが

$$X_2 = X_d' + X_t + X_l > X_1 \tag{3・2}$$

であるから，電力・相差角曲線は図3・2(a)の P_2 となる．

$$P_2 = \frac{E'V_R}{X_2}\sin\delta \tag{3・3}$$

1回線遮断直後は，回転子の慣性により内部位相角は δ_0 のまま変化しないから，出力がb点の $P_{20} < P_M$ に急減する．

このとき，回転子に働く加速力は

$$P_a = P_M - P_{20} = \overline{ab} > 0 \tag{3・4}$$

―17―

となるから回転子は加速され，b→c点に向う．

(3) c点では$P_2 = P_M$となり，加速力は零であるが，回転子の慣性により位相角はさらに増加し続けて，c→d点に向う．この間は$P_a = P_M - P_2 < 0$で減速力が働くため，δの増加速度は次第に減少する．

(4) やがてd点にいたるとδの増加速度は零となり，δは一時停止するが減速力が働いているため，このあとd→c点に向う．

(3') c点を通過してb点でいったん停止し，再びc，d点まで加速する．

以下同様の過程を繰返し，P，δは図3・2(b)，(c)の実線のように振動する．

実系統では制動効果によって振動は同図点線のように次第に減衰するから，安定となる(付録・2)．

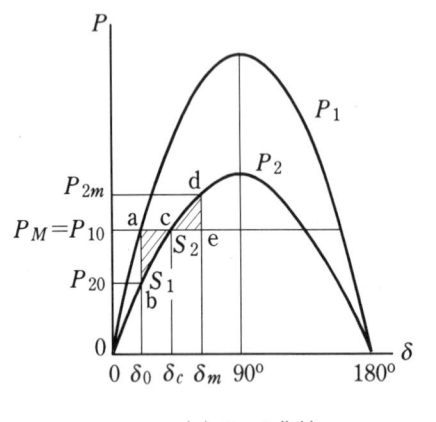

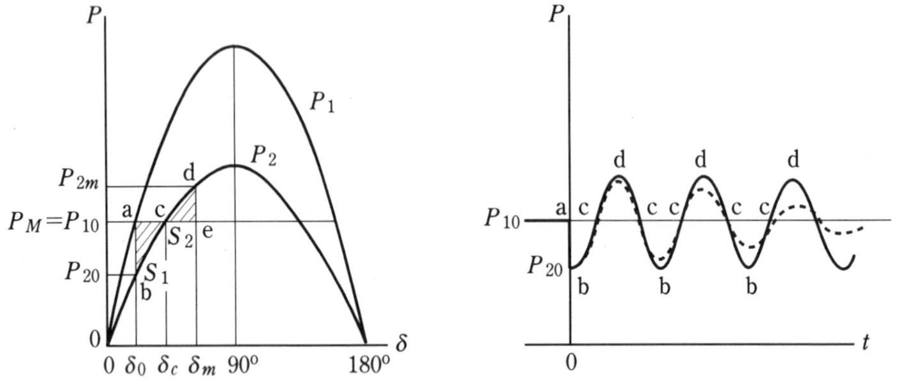

(a) $P-\delta$曲線　　(b) Pの動揺

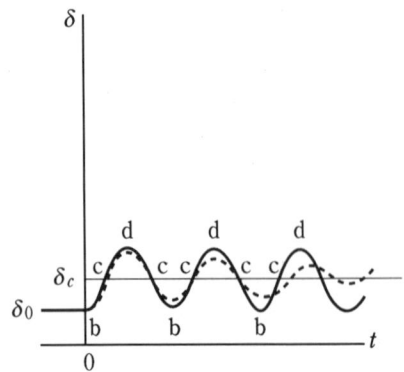

(c) δの動揺　　図3・2　電力・相差角動揺

δの最大点δ_mは次のようにして求められる．

運動方程式

$$\frac{M}{\omega_n}\frac{d^2\delta}{dt^2} = P_M - P_2 \tag{3・5}$$

の両辺に$\frac{d\delta}{dt}$を掛けて

$$\frac{M}{\omega_n}\frac{d^2\delta}{dt^2}\frac{d\delta}{dt} = (P_M - P_2)\frac{d\delta}{dt} \tag{3・6}$$

$$\frac{1}{2}\frac{d}{dt}\left(\frac{d\delta}{dt}\right)^2 = \frac{d\delta}{dt}\frac{d^2\delta}{dt^2} \tag{3・7}$$

3・1 等面積法

であるから

$$\frac{M}{2\omega_n}\frac{d}{dt}\left(\frac{d\delta}{dt}\right)^2 = (P_M - P_2)\frac{d\delta}{dt} \tag{3・8}$$

両辺を時間 $t=0 \sim t$ 間で積分すれば

$$\frac{M}{2\omega_n}\left[\left(\frac{d\delta}{dt}\right)^2_{t=t} - \left(\frac{d\delta}{dt}\right)^2_{t=0}\right] = \int_{\delta_0}^{\delta}(P_M - P_2)d\delta \tag{3・9}$$

δ は $t=t$ のときの位相角である．$\left(\dfrac{d\delta}{dt}\right)_{t=0} = 0$ であり，また，$\delta = \delta_m$ のときも $\left(\dfrac{d\delta}{dt}\right)_{t=t} = 0$ であるから (3・9) 式で $\delta = \delta_m$ とすれば

$$\int_{\delta_0}^{\delta_m}(P_M - P_2)d\delta = 0 \tag{3・10}$$

図3・2(a) で面積 S_1, S_2 は

$$\left.\begin{array}{l} S_1 = \triangle \mathrm{abc} = \displaystyle\int_{\delta_0}^{\delta_c}(P_M - P_2)d\delta \\[2mm] S_2 = \triangle \mathrm{cde} = \displaystyle\int_{\delta_c}^{\delta_m}(P_2 - P_M)d\delta \end{array}\right\} \tag{3・11}$$

$$\int_{\delta_0}^{\delta_m}(P_M - P_2)d\delta = \int_{\delta_0}^{\delta_c}(P_M - P_2)d\delta + \int_{\delta_c}^{\delta_m}(P_M - P_2)d\delta$$

$$= \int_{\delta_0}^{\delta_c}(P_M - P_2)d\delta - \int_{\delta_c}^{\delta_m}(P_2 - P_M)d\delta = 0 \tag{3・12}$$

$$\therefore \quad S_1 = S_2 \tag{3・13}$$

したがって位相角の最大点 d は，$S_1 = S_2$ となる点として求められる．S_1 は発電機に加わる加速エネルギー，S_2 は減速エネルギーに相当する．

初期出力 P_M が増加すると，図3・3(a) のように $P_2 = P_M$ のとき，$\delta = \delta_m$，$\dfrac{d\delta}{dt} = 0$，$S_1 = S_2$ となる．P_M がさらに増加して，同図 (b) のように $S_1 > S_2$ となった場合には，$P_2 = P_M$，$\delta = \delta_m'$ の点でも加速エネルギーが残っており，$\dfrac{d\delta}{dt} > 0$ で位相角はさらに増加するが，$\delta > \delta_m'$ では，$P_a = P_M - P_2 > 0$ の加速力が働いて δ はさらに増加し続けるため，脱調現象を呈し不安定となる．

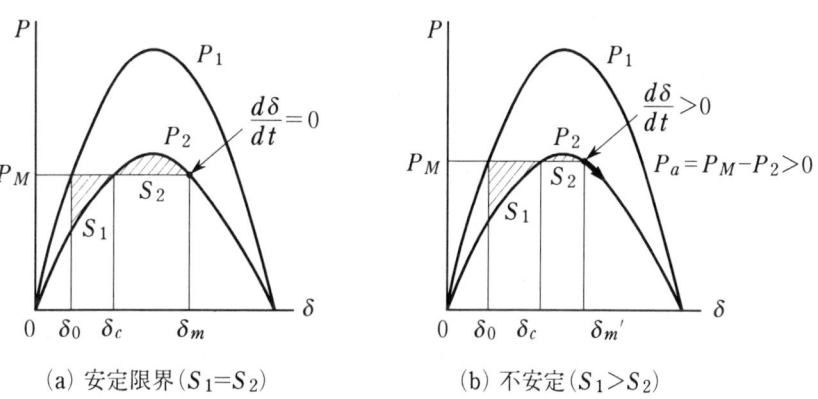

(a) 安定限界 ($S_1 = S_2$)　　　(b) 不安定 ($S_1 > S_2$)

図3・3　等面積法による安定判別

したがってこの場合の安定限界出力は，図3・3(a)の$S_1=S_2$となる値として求められる．このように，加速，減速エネルギーに相当する面積S_1，S_2が等しいことを利用して，過渡安定度を判別する方法は，「等面積法」と呼ばれている．

3・2　1機無限大母線系統の安定限界

図3・1の1機無限大母線系統で，1回線遮断時の過渡安定限界を等面積法によって求めてみる．

電力・相差角曲線は，図3・4のように次のとおりとする．

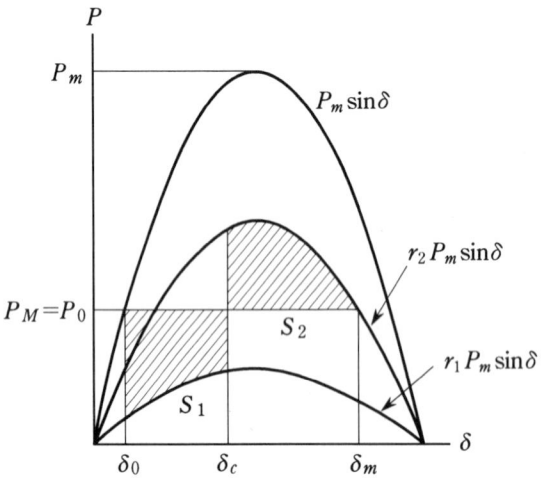

図3・4　等面積法による安定限界の求め方

$$
\left.\begin{array}{ll}
\text{故障前} & P = P_m \sin\delta \\
\text{故障中} & P = r_1 P_m \sin\delta \\
\text{故障遮断後} & P = r_2 P_m \sin\delta
\end{array}\right\} \tag{3・14}
$$

故障中は，$P<P_0$（＝故障前出力）となり発電機は加速されるが，δ_cの時点で故障回線を遮断すれば，$P>P_0$となって発電機は減速する．

同図で面積$S_1=S_2$のときが安定限界となる．相差角がδ_c以上に増加してから故障回線を遮断しても，最大相差角はδ_mを超えて脱調する．安定限界故障遮断相差角δ_cは次のようにして求められる．

$$
\begin{aligned}
S_1 &= \int_{\delta_0}^{\delta_c}(P_0 - r_1 P_m \sin\delta)d\delta \\
&= P_0(\delta_c - \delta_0) + r_1 P_m(\cos\delta_c - \cos\delta_0)
\end{aligned} \tag{3・15}
$$

$$
\begin{aligned}
S_2 &= \int_{\delta_c}^{\delta_m}(r_2 P_m \sin\delta - P_0)d\delta \\
&= -r_2 P_m(\cos\delta_m - \cos\delta_c) - P_0(\delta_m - \delta_c)
\end{aligned} \tag{3・16}
$$

この両式を等しいとおいて

$$
(r_2 - r_1)P_m \cos\delta_c = P_0(\delta_m - \delta_0) + r_2 P_m \cos\delta_m - r_1 P_m \cos\delta_0 \tag{3・17}
$$

$$\therefore\quad \cos\delta_c=\frac{\dfrac{P_0}{P_m}(\delta_m-\delta_0)+r_2\cos\delta_m-r_1\cos\delta_0}{r_2-r_1} \qquad (3\cdot18)$$

ここで $\dfrac{P_0}{P_m}=\sin\delta_0$ であり，特に2回線送電線の送電端または受電端三相短絡故障の場合は $r_1=0$ であるから

$$\cos\delta_c=\frac{(\delta_m-\delta_0)\sin\delta_0}{r_2}+\cos\delta_m \qquad (3\cdot19)$$

故障中の運動方程式は，$P=0$，$P_M=P_0$ であるから

$$\frac{M}{\omega_n}\frac{d^2\delta}{dt^2}=P_0 \qquad (3\cdot20)$$

両辺を2回積分して

$$\frac{M}{\omega_n}\frac{d\delta}{dt}=\int_0^t P_0 dt=P_0 t \qquad (3\cdot21)$$

$$\int_0^t\left(\frac{M}{\omega_n}\frac{d\delta}{dt}\right)dt=\frac{M}{\omega_n}\int_{\delta_0}^{\delta_c}d\delta=\frac{M(\delta_c-\delta_0)}{\omega_n} \qquad (3\cdot22)$$

$$\int_0^t P_0 t\,dt=\left[\frac{P_0 t^2}{2}\right]_0^t=\frac{P_0 t^2}{2} \qquad (3\cdot23)$$

(3·22)，(3·23) 式を等しいとおいて，安定限界故障遮断時間 t_c は次のようになる．

$$t_c=\sqrt{\frac{2M(\delta_c-\delta_0)}{\omega_n P_0}} \qquad (3\cdot24)$$

3·3　安定度に影響する諸要因

過渡安定限界故障遮断時間

図3·1の1機無限大母線系統で，送電亘長，発電機定数，出力，中間開閉所などによる過渡安定度への影響度合を調べるために，(3·19)，(3·24) 式により過渡安定限界故障遮断時間 t_c を求めてみる（付録·3参照）．諸定数は次のとおりとする．

① リアクタンス（発電機定格容量 W_n〔MVA〕基準）

　$X_d'+X_t=30$，40％（抵抗分無視）

② 発電機定格力率

　$\cos\theta_n=\dfrac{P_n}{W_n}=0.9$，　P_n：定格出力〔MW〕

③ 単位慣性定数　$M_0=8$〔MW·s/MVA〕

④ 故障前出力

　$P_0=0.5P_n$，P_n

⑤ 故障前電圧

　$V_S=V_R=1$〔PU〕

3 1機無限大母線系統の過渡安定度

⑥ 故障条件

送電端1回線三相短絡，t_c 後1回線遮断

送電端短絡容量

(1) 送電端短絡容量の影響

図3·5の曲線aは故障前の送電端における系統側短絡容量 $S\,[\mathrm{MVA}] = \dfrac{V_s^2}{(X_l/2)}$ と発電機定格出力 $P_n\,[\mathrm{MW}]$ との比率 (S/P_n) による t_c の変化を求めたものである．$S/P_n \fallingdotseq 3$ のときと $t_c = 0$ となる，すなわち $S/P_n < 3$ の場合は三相短絡故障なしで，単に1回線を遮断しただけで不安定となる．

S/P_n が極端に小さい場合は2回線健全でも不安定となる．

$S/P_n > 3$ では，S の増加に伴って t_c は増えるが，$S = \infty$ となっても，すなわち送電亘長が零に近づいても $t_c = 0.27\,[\mathrm{s}]$ 程度である．

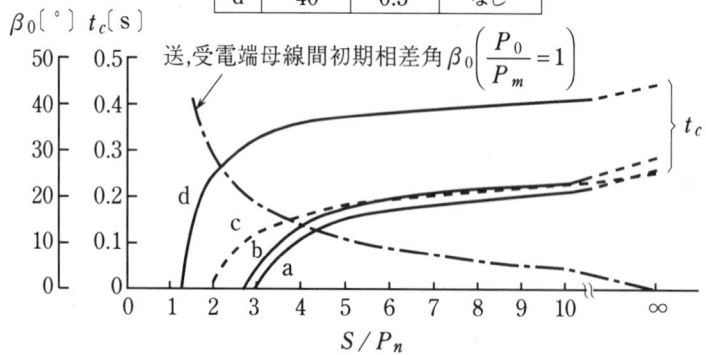

図3·5 過渡安定限界故障遮断時間 t_c

発電機過渡リアクタンス

(2) 発電機過渡リアクタンスの影響

$(X_d{'} + X_t)$ が小さいほど安定度は向上する．図3·5bの例では，$(X_d{'} + X_t)$ を40％から30％に減らすと t_c は 0.03〜0.04 [s] 増える．

中間開閉所

(3) 中間開閉所の効果

図3·6のように送電線の中間に開閉所を設けると，開閉所がない場合に比べて1回線遮断後の送受電端間合計リアクタンスが小さくなるため，t_c が増える（図3·5c）．

発電機初期出力

(4) 発電機初期出力の影響

初期出力 P_0 が減少すると故障中の加速力が少ないため t_c は増加する．図3·5dで，$P_0 = 0.5 P_n$ の場合は $P_0 = P_n$ に比べて t_c は大幅に増加している．

また，同一出力でも送受電端電圧が高いほど相差角が小さくなり，安定化する．

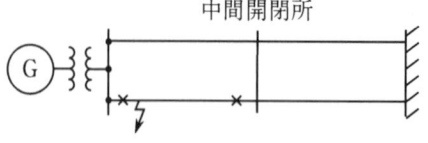

図3·6 中間開閉所

発電機慣性定数

(5) 発電機慣性定数の影響

(3·24) 式より，t_c は M の平方根に比例するから，M が1.1倍になれば，t_c は $\sqrt{1.1}$

≒1.05倍に延びる.

以上の他,過渡安定度への影響の大きいものとして次の要因があげられる.

(6) 故障種類

三相短絡が最も過酷であり,2線地絡,線間短絡,1線地絡の順に安定度上は楽になる.

(7) 高速度再閉路

故障送電線を遮断後,故障点アークが消滅した頃,1秒程度以内に高速度再閉路すると送電線のリアクタンスが減少して発電機の加速を防止し安定度が向上する.

(8) その他

直列コンデンサによる送電線リアクタンスの補償,故障遮断直後,送電端への制動抵抗の投入などの安定化対策はいずれも発電機の加速を防止できる.

3・4　送電距離,電圧と送電容量

送電線亘長が長くなると初期相差角が開き,1回線遮断後のリアクタンスも増加するため送電容量は減少する.ここでは図3・5から発電機が定格出力運転の場合について送電亘長と安定限界送電容量の関係を求める.

送電線の1kmあたりのリアクタンスをx〔Ω/km・回線〕とすれば,無限大母線につながるL〔km〕,V〔kV〕の2回線送電線の送電端における系統側短絡容量Sは,

$$S = \frac{V^2}{(x/2)L} = \frac{2V^2}{Lx} \quad 〔MVA〕 \tag{3・25}$$

図3・5より,1回線三相短絡で$t_c = 0.1$〔s〕,$X_d' + X_t = 40$〔%〕,単位慣性定数$M_0 = 6 \sim 8$〔MW・s/MVA〕の場合は,$S/P_n = 3.2 \sim 3.7$であるから

$$\frac{S}{P_n} = \frac{2V^2}{LxP_n} = 3.2 \sim 3.7 \tag{3・26}$$

送電線リアクタンスを$x = 0.4$〔Ω/km/回線〕とすれば,過渡安定限界電力P_{max}は

$$P_{max} = \frac{k'(V〔kV〕)^2}{L〔km〕} \quad 〔MW〕 \tag{3・27}$$

ここに,$k' = \dfrac{2}{x〔Ω/km〕}\left(\dfrac{P_n}{S}\right) = \dfrac{2}{0.4} \times \dfrac{1}{(3.2 \sim 3.7)} = 1.4 \sim 1.6$

たとえば,275kV,200km 2回線送電線で,1回線三相短絡0.1秒遮断時の過渡安定限界電力は

$$P_{max} = (1.4 \sim 1.6) \times \frac{275^2}{200} ≒ 530 \sim 610 〔MW〕$$

となる.(3・27)式より送電容量は送電電圧の2乗に比例し送電距離に反比例することになる.同式の係数k'は発電機や送電線の定数,運転出力,故障条件などによって定まり,過渡安定度送電容量係数と呼ばれる.

4　電源脱落時の周波数，潮流変化

4・1　定常時の周波数変化

(1) 速度調定率と電源の周波数特性

系統事故や発電機遮断などに際して，発電機出力が急変した時にも発電機の大幅な加速や減速を防止して回転数をできるだけ一定に保つとともに，各発電機への負荷配分を適正化するために，発電機の原動機には調速機 (Governor) が設けられている．

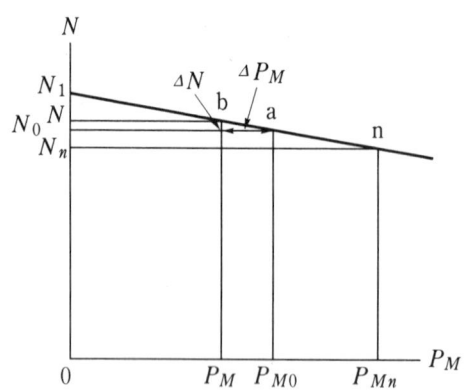

図4・1*　調速機特性

調速機の定常時の速度・出力特性は，図4・1の直線 N_1-n のように表わされる．定格出力 P_{Mn}〔MW〕，定格回転数 N_n〔rpm〕のn点で運転中，発電機を系統から解列して無負荷とすれば，回転数は N_1〔rpm〕まで上昇する．このとき速度調定率 R は次のように定義される．

$$R = \frac{N_1 - N_n}{N_n} \text{〔PU〕} = \frac{N_1 - N_n}{N_n} \times 100 \text{〔\%〕} \tag{4・1}$$

たとえば，$R=5\%$ で定格出力運転中の発電機を系統から解列すれば，回転数は5％上昇することになる．同図でa点 (P_{M0}, N_0) で運転中，出力が $\Delta P_M = P_M - P_{M0}$，回転数が $\Delta N = N - N_0$ 変化してb点に移ったとすれば，

$$\frac{\Delta N}{\Delta P_M} = \frac{N_1 - N_n}{(-P_{Mn})} \tag{4・2}$$

P_{Mn}, N_n を基準とする単位法では

$$\frac{\Delta N \text{〔PU〕}}{\Delta P_M \text{〔PU〕}} = \frac{\Delta N / N_n}{\Delta P_M / P_{Mn}} = \frac{(N_1 - N_n)/N_n}{(-P_{Mn})/P_{Mn}} = -R \text{〔PU〕} \tag{4・3}$$

すなわち

（欄外：調速機／速度・出力特性／速度調定率）

-24-

4·1 定常時の周波数変化

$$\Delta N\,[\mathrm{PU}] = -R\,[\mathrm{PU}]\,\Delta P_M\,[\mathrm{PU}] \tag{4·4}$$

ガバナ特性直線 －符号は**図4·1**のガバナ特性直線の傾斜が負(右下り)であることを示す．絶対値のみを考えるときは－符号は除いてよい．

発電機の極数を p とすれば，周波数 $f\,[\mathrm{Hz}]$ と回転数 N の間には，$f = pN/120$ の関係があるから

$$\frac{f}{f_n} = \frac{pN/120}{pN_n/120} = \frac{N}{N_n} \tag{4·5}$$

f_n：定格周波数 $[\mathrm{H_Z}]$

したがって単位法では

$$f\,[\mathrm{PU}] = N\,[\mathrm{PU}] \tag{4·6}$$

$$\therefore\ \Delta f\,[\mathrm{PU}] = -R\,[\mathrm{PU}]\,\Delta P_M\,[\mathrm{PU}] \tag{4·7}$$

〔問題1〕定格出力200MW，速度調定率5％の発電機が並列されている系統の周波数が，50Hzから49.5Hzに低下したとき，発電機出力はどの程度増えるか．

〔解答〕(4·7)式から，

$$\Delta P_M = -\frac{\Delta f\,[\mathrm{PU}]}{R\,[\mathrm{PU}]} = -\frac{\left(\dfrac{49.5-50.0}{50.0}\right)}{0.05} = 0.2\,[\mathrm{PU}]$$

$$= 0.2 \times 200 = 40\,[\mathrm{MW}]$$

40MWの出力増となる．

系統周波数が $\Delta f\,[\mathrm{PU}]$ 変化したときの発電機出力変化を $\Delta P_M\,[\mathrm{PU}]$ としたとき，電源の周波数特性定数 K_G は次のように表わされる．

$$K_G\,[\mathrm{PU}] = -\frac{\Delta P_M\,[\mathrm{PU}]}{\Delta f\,[\mathrm{PU}]} = \frac{1}{R\,[\mathrm{PU}]} \tag{4·8}$$

〔問題2〕周波数50Hz，調定率5％の発電機の周波数特性定数 $K_G\,[\%/\mathrm{Hz}]$ を求めよ．

〔解答〕

$$K_G = \frac{1}{R\,[\mathrm{PU}]} = \frac{1}{0.05}\,[\mathrm{PU}] = 20.0\left[\frac{\mathrm{PU\cdot W}}{\mathrm{PU\cdot Hz}}\right]$$

$$= 20.0 \times \frac{100\,[\%\,\mathrm{W}]}{50\,[\mathrm{Hz}]} = 40.0\,[\%\mathrm{W}/\mathrm{Hz}]$$

実系統では，**図4·1**のような特性を持った調速機運転(ガバナフリー(Governor Free, GF)運転)の発電機の他に，定電力運転の発電機があり，これらの容量比率などによって K_G は変化する(付録·4)．

(2) 負荷の周波数特性

電力系統の負荷の消費電力 P_L は，定格周波数 $f_n\,[\mathrm{Hz}]$ 付近では，周波数の K_L 乗

に比例し,

$$\frac{P_L}{P_{Ln}} = \left(\frac{f}{f_n}\right)^{K_L} \quad (4\cdot 9)$$

ここに, P_L, P_{Ln}：周波数 f, f_n における負荷電力〔MW〕
K_L：負荷の周波数特性定数〔PU〕

上式を f で微分して

$$\frac{1}{P_{Ln}}\frac{dP_L}{df} = \frac{K_L f^{K_L-1}}{f_n^{K_L}} = \frac{K_L}{f}\left(\frac{f}{f_n}\right)^{K_L} = \frac{K_L P_L}{f P_{Ln}}$$

$$\therefore \quad \frac{\Delta P_L/P_L}{\Delta f/f} \fallingdotseq \frac{dP_L/P_L}{df/f} = K_L \;\text{〔PU〕} \quad (4\cdot 10)$$

単位法では ΔP_L〔PU〕$= \Delta P_L/P_{Ln} \fallingdotseq \Delta P_L/P_L$, 同様に Δf〔PU〕$\fallingdotseq \Delta f/f$ であるから

$$\Delta P_L \;\text{〔PU〕} = K_L \;\text{〔PU〕}\, \Delta f \;\text{〔PU〕} \quad (4\cdot 11)$$

たとえば 50Hz 系統で周波数が 1Hz 変化したときの負荷変化を 5% とすれば

$$K_L = 5\;\text{〔\%/Hz〕} = \frac{0.05\;\text{〔PUW〕}}{\dfrac{1}{50}\;\text{〔PUHz〕}} = 2.5\;\text{〔PUW/PUHz〕}$$

$$\therefore \quad \frac{P_L}{P_{Ln}} = \left(\frac{f}{f_n}\right)^{2.5}$$

総合負荷特性

となる. K_L は負荷の種類によって異なるが電力系統の総合負荷特性の実測例[*]によれば, $K_L = 3 \sim 6$〔%/Hz〕程度となっている. 負荷は電圧によっても変化し

$$\frac{P_L}{P_{Ln}} = \left(\frac{V}{V_n}\right)^{K_{LV}} \left(\frac{f}{f_n}\right)^{K_{LF}} \quad (4\cdot 12)$$

と表わされる. 電圧変化のないときは $K_L = K_{LF}$ となるが, 周波数と同時に電圧も変化する場合には, $(4\cdot 12)$ 式の K_L に電圧特性の影響も含まれるため, $K_L \neq K_{LF}$ となる.

電源脱落

(3) 電源脱落時の周波数変化

図 4・2 (a) のように, 周波数 f_n〔Hz〕で, 電源 $P_{G0} + \Delta P_{G0}$〔MW〕と負荷 P_{L0}〔MW〕がバランス ($P_{G0} + \Delta P_{G0} = P_{L0}$) している系統で, 同図 (b) のように微少電源 ΔP_{G0} が脱落したときの周波数変化 Δf を求める. P_{G0}, P_{L0} の変化をそれぞれ ΔP_G, ΔP_L とすれば,

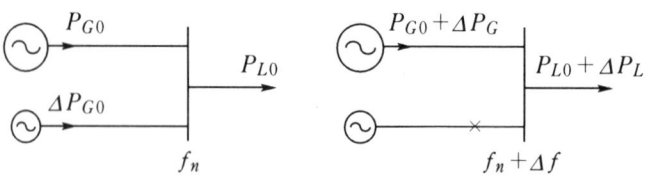

(a) 電源脱落前 　　　　　　(b) 電源脱落後

図 4・2　電源脱落時の周波数変化

---

[*] 給電常置専門委員会：電力系統の負荷・周波数制御；（電気学会技術報告，2部，第40号（昭51.2））

4·2 過渡時の周波数変化

$$P_{G0} + \Delta P_G = P_{L0} + \Delta P_L \tag{4·13}$$

$$\left.\begin{array}{l}\Delta P_G = -K_G \Delta f \\ \Delta P_L = K_L \Delta f\end{array}\right\} \tag{4·14}$$

$$\begin{aligned}\therefore \ \Delta P_{G0} = P_{L0} - P_{G0} &= \Delta P_G - \Delta P_L \\ &= -(K_G + K_L)\Delta f = -K\Delta f\end{aligned} \tag{4·15}$$

ここに，$K = K_G + K_L$：系統周波数特性定数

系統周波数特性定数

このときの電力と周波数の関係を図4·3に示す．

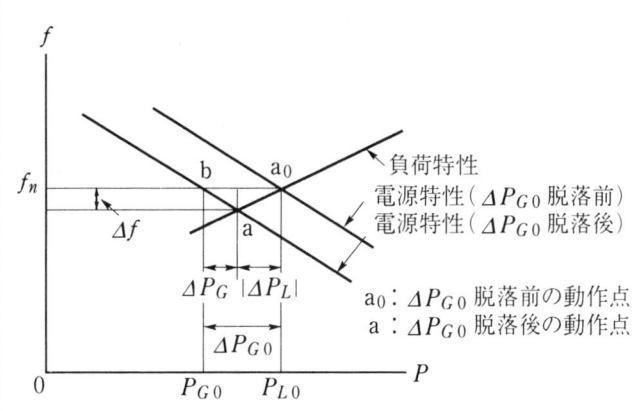

a_0：ΔP_{G0} 脱落前の動作点
a：ΔP_{G0} 脱落後の動作点

図4·3 系統周波数特性

〔問題3〕電源および負荷の周波数特性定数がそれぞれ3，5〔%/Hz〕のとき，総発電力の4%の電源が脱落したときの周波数低下量を求めよ．

〔解答〕$K = K_G + K_L = 3 + 5 = 8$〔%/Hz〕，したがって(4·15)式から，

$$\Delta f = -\frac{\Delta P_{G0}}{K} = -\frac{4〔\%〕}{8〔\%/\mathrm{Hz}〕} = -0.5\mathrm{Hz}$$

4·2 過渡時の周波数変化

定電力運転

(1) 定電力運転の場合

図4·2で電源脱落直後の過渡的な周波数変化を調べる．残存発電機の運動方程式は，発電機相互間の動揺を無視して，(1·29)式の左辺第2項(制動項)を零とすれば，

$$\frac{M}{\omega_n}\frac{d^2\delta}{dt^2} + P_G = P_M \tag{4·16}$$

(1·26)式を微分して

$$\frac{d\omega}{dt} = 2\pi\frac{df}{dt} = \frac{d^2\delta}{dt^2} \tag{4·17}$$

$$\left.\begin{array}{l}f = f_n + \Delta f \\ \dfrac{df}{dt} = \dfrac{d\Delta f}{dt}\end{array}\right\} \tag{4·18}$$

であるから(4·16)～(4·18)式より

4 電源脱落時の周波数，潮流変化

$$\frac{M}{f_n}\frac{d\Delta f}{dt}+P_G=P_M \tag{4・19}$$

残存発電機が定電力運転で，原動機入力一定の場合は，

$$\left.\begin{array}{l}P_M=P_{G0}\\ P_G=P_{L0}+\Delta P_L=P_{L0}+K_L\Delta f\\ P_{L0}=P_{G0}+\Delta P_{G0}\end{array}\right\} \tag{4・20}$$

(4・19)，(4・20)式より

$$\frac{M}{f_n}\frac{d\Delta f}{dt}+K_L\Delta f=-\Delta P_{G0} \tag{4・21}$$

電源脱落時の周波数変化

したがって電源脱落時の周波数変化は次のように表わせる．

$$\Delta f=\Delta F\left(1-\varepsilon^{-\frac{t}{T_L}}\right) \tag{4・22}$$

ここに，$\Delta F=-\dfrac{\Delta P_{G0}}{K_L}$：定常時の周波数変化（(4・15)式で$K_G=0$としたものに相当）

$T_L=\dfrac{M}{K_L f_n}$：周波数変化の時定数

なぜなら，(4・22)式を微分して

$$\frac{d\Delta f}{dt}=\frac{\Delta F}{T_L}\varepsilon^{-\frac{t}{T_L}}=\left\{\left(-\frac{\Delta P_{G0}}{K_L}\right)\bigg/\left(\frac{M}{K_L f_n}\right)\right\}\varepsilon^{-\frac{t}{T_L}}$$

$$=-\frac{f_n\Delta P_{G0}}{M}\varepsilon^{-\frac{t}{T_L}} \tag{4・23}$$

(4・22)，(4・23)式を(4・21)式左辺に代入して

$$\frac{M}{f_n}\left(-\frac{f_n\Delta P_{G0}}{M}\right)\varepsilon^{-\frac{t}{T_L}}+K_L\left(-\frac{\Delta P_{G0}}{K_L}\right)\left(1-\varepsilon^{-\frac{t}{T_L}}\right)=-\Delta P_{G0} \tag{4・24}$$

したがって(4・22)式は(4・21)式を満足し，また発電機の慣性により$t=0$のとき$\Delta f=0$の初期条件を満足するからである．

周波数変化は図4・4のように，時定数T_Lの一次遅れ曲線となる．

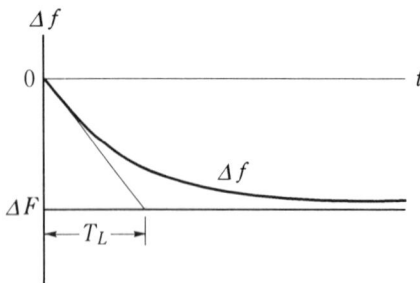

図4・4 過渡時の周波数変化

〔問題4〕発電機の単位慣性定数$M_0=8$〔MW・s/MVA〕，定格力率$\cos\theta_n=0.9$，負荷の周波数特性定数$K_L=5$〔%/Hz〕，周波数$f_n=50$〔Hz〕の系統で，発電機が定格出力P_n〔MW〕，定電力運転の場合，電源脱落時の周波数低下時定数T_Lを求めよ．

〔解答〕 $M=\dfrac{M_0 P_n}{\cos\theta_n}$ であるから

$$T_L = \frac{M}{K_L f_n} = \frac{\dfrac{M_0 P_n}{\cos\theta_n}(\text{MW}\cdot\text{s})}{K_L(\text{PU}/\text{Hz}) P_n(\text{MW}) f_n(\text{Hz})}$$

$$= \frac{M_0}{K_L(\text{PU}/\text{Hz}) f_n(\text{Hz}) \cos\theta_n} (\text{s})$$

$$= \frac{8(\text{s})}{0.05(\text{PU}/\text{Hz}) \times 50(\text{Hz}) \times 0.9} = 3.56(\text{s})$$

ガバナフリー運転

(2) ガバナフリー運転の場合

調速機には制御系の動作遅れがあるため,図4・3で周波数がf_nから$f_n + \Delta f (\Delta f < 0)$に急変しても,出力は$P_{G0}$から$P_{G0} + \Delta P_G$まで増加するには時間遅れを生ずる.簡単のために調速機を時定数$T_G(\text{s})$の一次遅れで近似すれば,その過渡特性は次式で表わせる.

$$T_G \frac{d\Delta P_M}{dt} + \Delta P_M + K_G \Delta f = 0 \tag{4・25}$$

ここで,左辺第1項$=0$とすれば,定常時の(4・8)式と一致する.

$$\left.\begin{array}{l} P_M = P_{M0} + \Delta P_M \\ P_G = P_{L0} + K_L \Delta f \\ P_{M0} = P_{G0} = P_{L0} - \Delta P_{G0} \end{array}\right\} \tag{4・26}$$

であるから,

$$\begin{aligned} P_M - P_G &= (P_{L0} - \Delta P_{G0} + \Delta P_M) - (P_{L0} + K_L \Delta f) \\ &= -\Delta P_{G0} + \Delta P_M - K_L \Delta f \end{aligned} \tag{4・27}$$

(4・19),(4・27)式より

$$\frac{M}{f_n}\frac{d\Delta f}{dt} + K_L \Delta f - \Delta P_M + \Delta P_{G0} = 0 \tag{4・28}$$

(4・25),(4・28)式を連立して解けば,過渡時の周波数は

$$\left.\begin{array}{l} \Delta F = -\dfrac{\Delta P_{G0}}{K} \\ K = K_G + K_L \end{array}\right\} \tag{4・29}$$

$$\left.\begin{array}{l} \alpha = \dfrac{1}{2}\left(\dfrac{1}{T_G} + \dfrac{1}{T_L}\right) \\ \beta = \alpha^2 - \dfrac{K f_n}{M T_G} \\ T_L = \dfrac{M}{K_L f_n} \end{array}\right\} \tag{4・30}$$

とおいて,次式で表わされる.

(a) $\beta > 0$のとき

$$\Delta f = \frac{\Delta F}{2\sqrt{\beta}}\left\{\left(\frac{K f_n}{M} - a_2\right)\varepsilon^{-a_1 t} - \left(\frac{K f_n}{M} - a_1\right)\varepsilon^{-a_2 t}\right\} + \Delta F \tag{4・31}$$

ここに,$a_1 = \alpha - \sqrt{\beta}$,$a_2 = \alpha + \sqrt{\beta}$

(b) $\beta < 0$ のとき

$$\Delta f = \frac{\Delta F \varepsilon^{-\alpha t}}{\sin \gamma} \sin\left(\sqrt{-\beta}\, t - \gamma\right) + \Delta F \tag{4・32}$$

ここに，$\sin \gamma = \sqrt{\dfrac{\beta}{\beta - \left(\dfrac{Kf_n}{M} - \alpha\right)^2}} = \dfrac{M}{f_n}\sqrt{-\dfrac{\beta}{KK_G}}$ (4・33)

なぜなら，(4・31)，(4・32)式は(4・25)，(4・28)式を満足し $t=0$ のとき $\Delta f = 0$，$\Delta P_M = 0$，および $t = \infty$ のとき $\Delta f = \Delta F$ の条件を満足するからである．

〔問題5〕発電機の $M_0 = 8$〔MW・s/MVA〕，定格力率 $\cos\theta_n = 1.0$，$K_G = 5$〔%/Hz〕，$T_G = 1$ または 5〔s〕，負荷の $K_L = 5$〔%/Hz〕，$f_n = 50\,\mathrm{Hz}$ の系統で，発電機が定格出力 P_n〔MW〕，ガバナフリー運転の場合，電源脱落時の周波数の変化を求めよ．また，発電機が定電力運転時はどうか．

〔解答〕(4・29)，(4・30)式より，$T_G = 1$〔s〕の場合

$K = K_G + K_L = 0.05 + 0.05 = 0.10$〔PU/Hz〕

$T_L = \dfrac{8}{0.05 \times 50} = 3.2$〔s〕

$\alpha = \dfrac{1}{2}\left(\dfrac{1}{1} + \dfrac{1}{3.2}\right) = 0.6563$〔1/s〕

$\beta = 0.6563^2 - \dfrac{50 \times 0.10}{8 \times 1} = -0.1943$〔1/s²〕

$\beta < 0$ であるから，解は(4・32)式となり

$\sin \gamma = \dfrac{8}{50}\sqrt{\dfrac{0.1943}{0.10 \times 0.05}} = 0.9974$，$\gamma = 1.642$〔rad〕

$\therefore \dfrac{\Delta f}{\Delta F} = 1.0026\,\varepsilon^{-0.6563t}\sin(0.4408t - 1.642) + 1$

また，定電力運転時は(4・22)式より，定常時($t = \infty$)の周波数変化 ΔF に対する比率 $\Delta f/\Delta F$ を求めると図4・5となる．

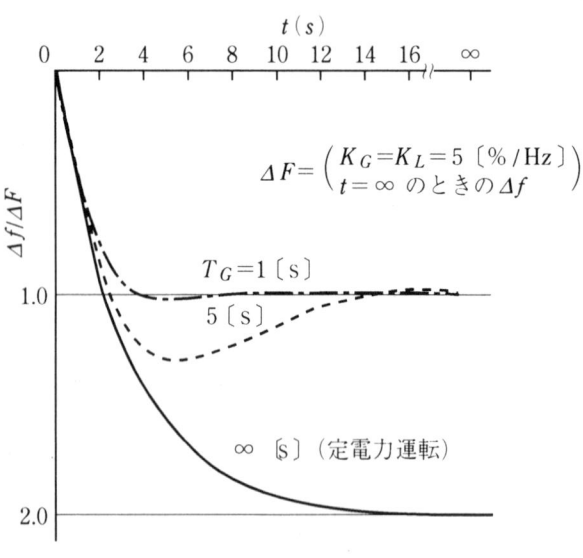

図4・5 電源脱落時の周波数変化例

4·3 発電機間の負荷分担

(1) 負荷変化直後の分担

図4·6のように，同一母線に接続された発電機G_1，G_2が出力P_{G10}，P_{G20}で負荷$P_{L0} = P_{G10} + P_{G20}$に供給している系統に，微少負荷$\Delta P_L$を投入したとき，投入直後の各発電機の出力分担$\Delta P_{G10}$，$\Delta P_{G20}$を求める．ただし$P_{L0}$，$\Delta P_L$は電圧，周波数によって消費電力が変わらない定電力負荷とする．

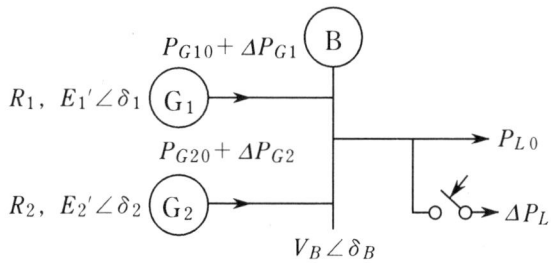

図4·6 負荷変化時の出力分担(1)

G_1，G_2の過渡リアクタンスをX_1'，X_2'，内部電圧を$E_1'\angle\delta_1$，$E_2'\angle\delta_2$，母線電圧を$V_B\angle\delta_B$とすれば，

$$\left. \begin{array}{l} P_{G10} = \dfrac{E_1' V_B}{X_1'}\sin(\delta_1 - \delta_B) \\[2mm] P_{G20} = \dfrac{E_2' V_B}{X_2'}\sin(\delta_2 - \delta_B) \end{array} \right\} \quad (4\cdot34)$$

負荷投入直後は発電機の慣性効果により，内部電圧は変化しない．またV_Bの大きさの変化は少ないので無視すれば，

$$\left. \begin{array}{l} \Delta P_{G10} = -K_{1B}\Delta\delta_B \\ \Delta P_{G20} = -K_{2B}\Delta\delta_B \end{array} \right\} \quad (4\cdot35)$$

$$\left. \begin{array}{l} K_{1B} = -\dfrac{\partial P_{G10}}{\partial \delta_B} = \dfrac{E_1' V_B}{X_1'}\cos(\delta_1 - \delta_B) \\[2mm] K_{2B} = -\dfrac{\partial P_{G20}}{\partial \delta_B} = \dfrac{E_2' V_B}{X_2'}\cos(\delta_2 - \delta_B) \end{array} \right\} \quad (4\cdot36)$$

また，

$$\Delta P_L = \Delta P_{G10} + \Delta P_{G20} = -(K_{1B} + K_{2B})\Delta\delta_B \quad (4\cdot37)$$

$$\therefore \left. \begin{array}{l} \Delta P_{G10} = \dfrac{K_{1B}\Delta P_L}{K_{1B} + K_{2B}} \\[2mm] \Delta P_{G20} = \dfrac{K_{2B}\Delta P_L}{K_{1B} + K_{2B}} \end{array} \right\} \quad (4\cdot38)$$

すなわちΔP_LはG_1，G_2と母線B間の相互同期化力K_{1B}，K_{2B}に比例して分担されることになる．

図4·7(a)のように n 台の発電機が接続される場合も同様である．さらに同図(b)のような一般的な系統で，母線Bに負荷 ΔP_L を投入した直後についても，系統電圧の大きさの変化が少なければ，(a)と同様，ΔP_L は各発電機と母線Bの間の相互同期化力 K_{1B}, K_{2B}, $\cdots$, K_{nB} に比例して分担されることになる．すなわち，発電機の出力変化は次のように表わせる．

相互同期化力

$$\Delta P_{Gi0} = \frac{K_{iB}\Delta P_L}{K_{1B}+K_{2B}+\cdots\cdots+K_{nB}} \quad (4\cdot39)$$

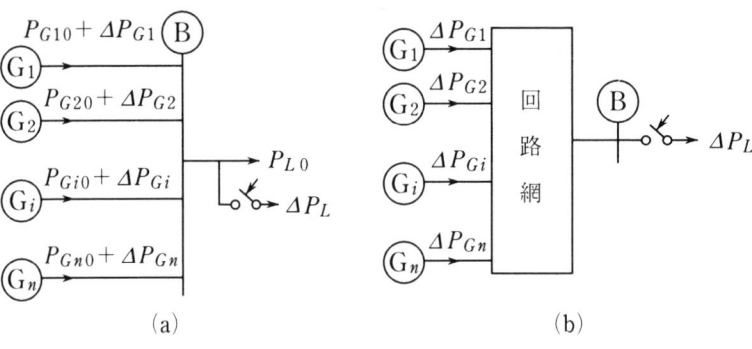

図4·7 負荷変化時の出力分担(2)

短絡電流分布
出力分担

次に短絡電流分布と出力分担との関係を調べる．

図4·8(a)のように，母線Bで三相短絡時の各発電機の故障分電流 $\dot{I}_{1B}$, $\dot{I}_{2B}$, $\cdots$, は，同図(b)のように発電機過渡内部電圧を零として，母線Bに短絡前電圧 $\dot{V}_B$ を印加したときの電流に等しい．回路網のアドミタンスを $\dot{Y}_{11}$, $\dot{Y}_{12}$, $\cdots$, $\dot{Y}_{BB}$ とすれば同図(b)について

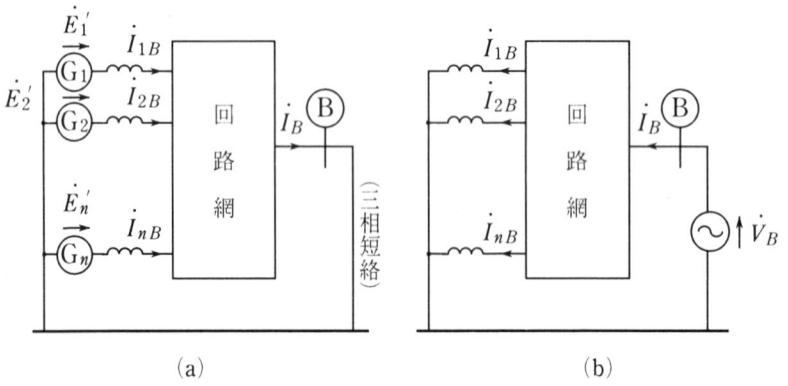

図4·8 短絡電流分布

$$\begin{pmatrix} \dot{I}_{1B} \\ \dot{I}_{2B} \\ \vdots \\ \dot{I}_{nB} \\ \dot{I}_B \end{pmatrix} = \begin{pmatrix} \dot{Y}_{11}, & \dot{Y}_{12}, & \cdots, & \dot{Y}_{1n}, & \dot{Y}_{1B} \\ \dot{Y}_{21}, & \dot{Y}_{22}, & & & \vdots \\ \vdots & & & & \vdots \\ \dot{Y}_{B1}, & \cdots\cdots\cdots, & \dot{Y}_{Bn}, & \dot{Y}_{BB} \end{pmatrix} \begin{pmatrix} 0 \\ 0 \\ \vdots \\ \dot{V}_B \end{pmatrix} = \begin{pmatrix} \dot{Y}_{1B}\dot{V}_B \\ \dot{Y}_{2B}\dot{V}_B \\ \\ \dot{Y}_{BB}\dot{V}_B \end{pmatrix}$$

$$(4\cdot40)$$

$$\therefore \quad I_{iB} = Y_{iB}V_B \quad (4\cdot41)$$

G_i と母線B間の相互同期化力は

$$K_{iB} = Y_{iB}E_i'V_B\cos(\delta_i-\delta_B+\alpha_{iB})$$

4·3 発電機間の負荷分担

ここに，$\dot{Y}_{iB} = Y_{iB}\angle\left(\dfrac{\pi}{2} - \alpha_{iB}\right)$．したがって，

$$\frac{K_{iB}}{I_{iB}} = E_i' \cos(\delta_i - \delta_B + \alpha_{iB}) \tag{4·42}$$

通常系統では，単位法で各発電機の過渡内部電圧 E_i'，位相角 δ_i には大きな差はなく，一次系統では抵抗分が少なく，α_{iB} も小さいから，(4·42)式の値も各発電機で大差なく $K_{iB} \propto I_{iB}$ となる．

したがって(4·39)式は

$$\Delta P_{Gi0} \doteqdot \frac{I_{iB}\Delta P_L}{I_{1B}+I_{2B}+\cdots\cdots+I_{nB}} = \frac{I_{iB}\Delta P_L}{I_B} \tag{4·43}$$

となり，ΔP_L は近似的に各発電機の短絡電流分流に比例して分担されることになる．

出力分担

(2) 定常時の分担

負荷投入後の発電機間の出力分担は，過渡動揺を繰返しながら，最終的には発電機の調定率によって定まる定常時の分担に落着く．図4·6で，G_1, G_2 の調定率を R_1, R_2〔PU〕，定格出力を P_{G1n}, P_{G2n}，周波数変化を Δf〔Hz〕とすれば図4·9，(4·7)式より

調速機特性

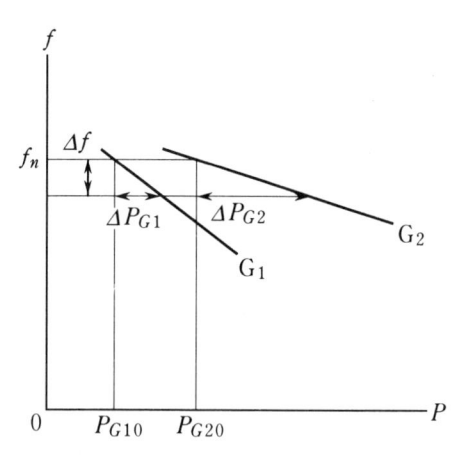

図4·9 調速機特性

$$\Delta f = -R_1\left(\frac{\Delta P_{G1}}{P_{G1n}}\right) = -R_2\left(\frac{\Delta P_{G2}}{P_{G2n}}\right) \tag{4·44}$$

$$\begin{aligned}\Delta P_L &= \Delta P_{G1} + \Delta P_{G2}\\ &= -\left(\frac{P_{G1n}}{R_1} + \frac{P_{G2n}}{R_2}\right)\Delta f\end{aligned} \tag{4·45}$$

$$\therefore \Delta P_{G1} = -\frac{P_{G1n}\Delta f}{R_1} = \left(\frac{\dfrac{P_{G1n}}{R_1}}{\dfrac{P_{G1n}}{R_1}+\dfrac{P_{G2n}}{R_2}}\right)\Delta P_L \tag{4·46}$$

〔**問題6**〕定格出力100MW，200MW，速度調定率4％，5％の2台の発電機 G_1, G_2 が並列運転している系統で，負荷が10MW増加したとき，G_1, G_2 の出力変化を求めよ．

〔解答〕G_1, G_2 の出力変化 ΔP_{G1}, ΔP_{G2} は，(4·46)式より

4 電源脱落時の周波数，潮流変化

$$\Delta P_{G1} = \frac{\frac{100}{4} \times 10}{\frac{100}{4} + \frac{200}{5}} = 3.85 \text{〔MW〕}$$

$$\Delta P_{G2} = \frac{\frac{200}{5} \times 10}{\frac{100}{4} + \frac{200}{5}} = 6.15 \text{〔MW〕}$$

負荷変化 ΔP_L を m 台の発電機 G_1, G_2, $\cdots$, G_m で分担するとき，調定率を R_1, R_2, $\cdots$, R_m 〔PU〕，定格出力を P_{G1n}, P_{G2n}, $\cdots$, P_{Gmn} とすれば，

$$\Delta f \text{〔PU〕} = -R_1 \left(\frac{\Delta P_{G1}}{P_{G1n}} \right) = -R_2 \left(\frac{\Delta P_{G2}}{P_{G2n}} \right) = \cdots = -R_m \left(\frac{\Delta P_{Gm}}{P_{Gmn}} \right) \qquad (4 \cdot 47)$$

$$\Delta P_L = \Delta P_{G1} + \Delta P_{G2} + \cdots + \Delta P_{Gm} \qquad (4 \cdot 48)$$

$$\therefore \quad \Delta P_{Gi} = \left(\frac{\frac{P_{Gin}}{R_i}}{\sum_{j=1}^{m} \frac{P_{Gjn}}{R_j}} \right) \Delta P_L \qquad (4 \cdot 49)$$

とくに，$R_1 = R_2 = \cdots = R_m$ のときは

$$\Delta P_{Gi} = \left(\frac{P_{Gin}}{\sum_{j=1}^{m} P_{Gjn}} \right) \Delta P_L \qquad (4 \cdot 50)$$

となり，各発電機の定格容量に比例して負荷を分担することになる．発電機の調定率に大きな差があると，各発電機の負荷分担比が定格容量比から大きくずれることになるので，同一系統の同種発電機の調定率は同程度の値にそろえる場合が多い．

負荷分担 （4・49）式より，発電機の負荷分担は図4・10の直流等価回路で表わせる．発電機 i を等価抵抗 $\frac{R_i}{P_{Gin}} = \frac{1}{K_1 P_{Gin}}$ で表わしたとき，これらの並列回路に電流 ΔP_L を流したとき，各発電機の等価抵抗の電流が負荷分担に等しく，直流電圧は周波数変化に等しい．

負荷分担
等価回路

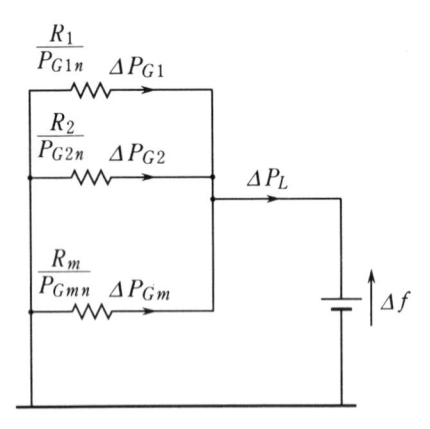

図4・10 負荷分担等価回路

4・4 連系線の潮流変化

図4・11のように，発電機G_1，G_2，負荷L_1，L_2からなる系統1，2が送電線で連系されているとき，系統2で電源ΔP_{G0}が脱落したときの定常時の周波数と潮流変化を求める．周波数変化をΔf〔Hz〕(<0)，各発電機，負荷の周波数特性定数をK_{G1}，K_{G2}，K_{L1}，K_{L2}〔PU／Hz〕，電力変化をΔP_{G1}，ΔP_{G2}，ΔP_{L1}，ΔP_{L2}とすれば$(4\cdot8)$，$(4\cdot11)$式より

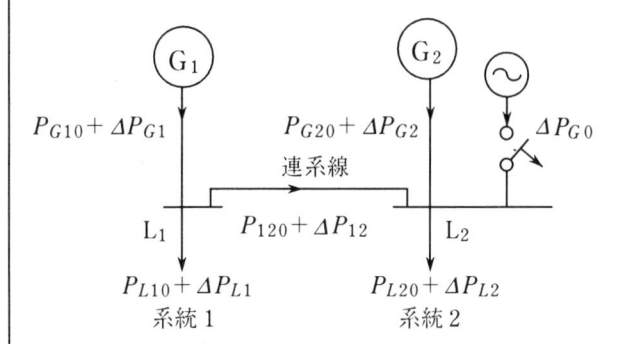

電源脱落

図4・11 連系系統の電源脱落

$$\left.\begin{array}{l}\dfrac{\Delta P_{G1}}{P_{G1n}} = -K_{G1}\Delta f \\[6pt] \dfrac{\Delta P_{L1}}{P_{L10}} = K_{L1}\Delta f \\[6pt] \dfrac{\Delta P_{G2}}{P_{G2n}} = -K_{G2}\Delta f \\[6pt] \dfrac{\Delta P_{L2}}{P_{L20}} = K_{L2}\Delta f \end{array}\right\} \qquad (4\cdot51)$$

ここに，P_{G1n}，P_{G2n}：G_1，G_2の定格出力

$$\Delta P_{G1} + \Delta P_{G2} - \Delta P_{G0} = \Delta P_{L1} + \Delta P_{L2} \qquad (4\cdot52)$$

$(4\cdot51)$，$(4\cdot52)$式より

$$-(K_{G1}P_{G1n} + K_{G2}P_{G2n})\Delta f - \Delta P_{G0} = (K_{L1}P_{L10} + K_{L2}P_{L20})\Delta f \qquad (4\cdot53)$$

$$\therefore \quad \Delta f = -\frac{\Delta P_{G0}}{K_{G1}P_{G1n} + K_{L1}P_{L10} + K_{G2}P_{G2n} + K_{L2}P_{L20}} \qquad (4\cdot54)$$

連系線潮流

連系線潮流P_{12}の変化ΔP_{12}は

$$\begin{aligned}\Delta P_{12} &= \Delta P_{G1} - \Delta P_{L1} \\ &= \frac{(K_{G1}P_{G1n} + K_{L1}P_{L10})\Delta P_{G0}}{K_{G1}P_{G1n} + K_{L1}P_{L10} + K_{G2}P_{G2n} + K_{L2}P_{L20}}\end{aligned} \qquad (4\cdot55)$$

4 電源脱落時の周波数, 潮流変化

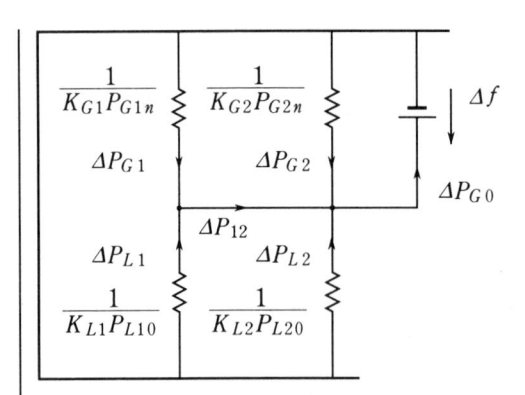

図4・12 電源脱落時の $\Delta f - \Delta P$ 等価回路

したがって $\Delta f - \Delta P$ 直流等価回路は図4・12となり G_1 は $\dfrac{1}{K_{G1}P_{G1n}}$, L_1 は $\dfrac{1}{K_{L1}P_{L10}}$, …の等価抵抗で表わし, これに直流電流 ΔP_{G0} を流したとき, 各等価抵抗に流れる電流が電力変化に等しく, 電圧は周波数低下に等しい.

系統1, 2がそれぞれほぼ需給バランスしており, 発電機出力が定格値に近い場合は

$$P_{G1n} \fallingdotseq P_{G10} \fallingdotseq P_{L10}$$
$$P_{G2n} \fallingdotseq P_{G20} \fallingdotseq P_{L20} \tag{4・56}$$

となるから

$$K_1 = K_{G1} + K_{L1}$$
$$K_2 = K_{G2} + K_{L2} \tag{4・57}$$

とおけば, (4・54), (4・55)式は次のようになる.

$$\Delta f \fallingdotseq \frac{\Delta P_{G0}}{K_1 P_{L10} + K_2 P_{L20}} \tag{4・58}$$

$$\Delta P_{12} \fallingdotseq \frac{K_1 P_{L10} \Delta P_{G0}}{K_1 P_{L10} + K_2 P_{L20}} \tag{4・59}$$

特に, 両系統の周波数特性定数が等しいときは,

$$\Delta P_{12} \fallingdotseq \frac{P_{L10} \Delta P_{G0}}{P_{L10} + P_{L20}} \tag{4・60}$$

系統容量 すなわち, ΔP_{G0} は両系統の負荷の大きさ(これを系統容量と呼ぶことがある)に比例して分担されることになる.

〔問題7〕 図4・13の系統で $\Delta P_{G0} = 200\mathrm{MW}$ が脱落したときの周波数変化 Δf および各部の電力変化を求めよ. ただし, $K_{L1} = K_{L2} = 5$〔%/Hz〕 $K_{G1} = K_{G2} = 4$〔%/Hz〕とする.

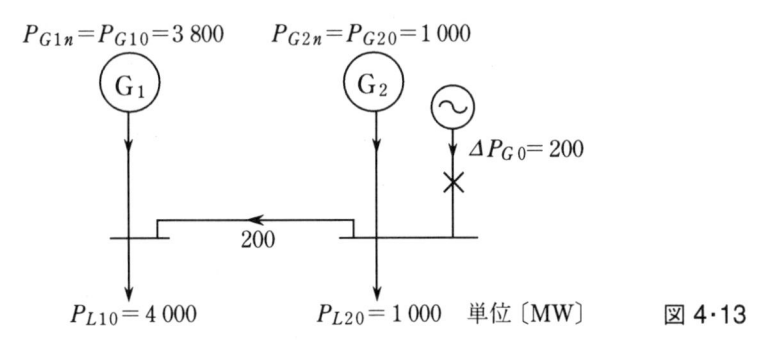

4·4 連系線の潮流変化

図4·13

〔解答〕(4·54)式より,

$$\Delta f = -\frac{200}{0.04 \times 3\,800 + 0.05 \times 4\,000 + 0.04 \times 1\,000 + 0.05 \times 1\,000}$$
$$= -0.453\,\text{[Hz]}$$

(4·51)式より,

$$\Delta P_{G1} = -K_{G1} P_{G1n} \Delta f = -0.04 \times 3\,800 \times (-0.453) = 68.8\,\text{[MW]}$$

同様にして，図4·14(a)の電力変化分が得られ，これと図4·13を重ねて，電源脱落後の潮流は同図(b)となる．

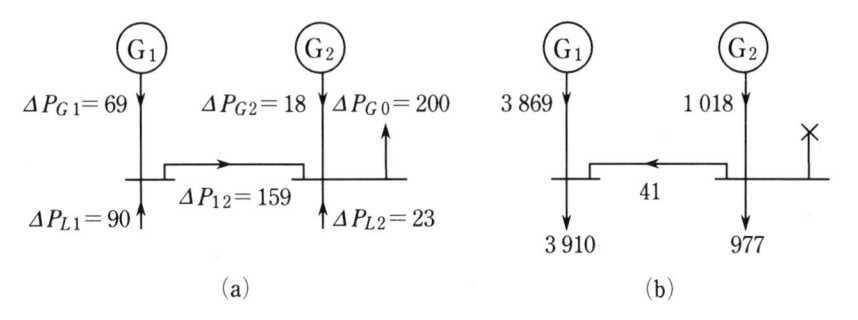

図4·14 電源脱落時の連系線潮流変化例（単位[MW]）

〔問題8〕図4·13の系統で $\Delta P_{G0} = 200\,\text{[MW]}$ が脱落したときの周波数変化 Δf，連系線潮流変化を求めよ．ただし，両系統はほぼ需給バランスしているものとし，周波数特性定数は，$K_1 = K_2 = 9\,\text{[\%/Hz]}$ とする．

〔解答〕(4·58), (4·60)式より,

$$\Delta f = -\frac{200}{0.09 \times 4\,000 + 0.09 \times 1\,000} = -0.444\,\text{[Hz]}$$
$$\Delta P_{12} = \frac{4\,000 \times 200}{4\,000 + 1\,000} = 160\,\text{[MW]}$$

これらは〔問題7〕とほとんど一致している．系統容量比が 4 000 : 1 000 = 4 : 1 であるから，電源脱落量 200 [MW] は，160 : 40 = 4 : 1 の比率で，系統1, 2に分担される（図4·15）．

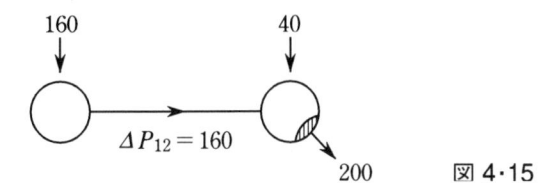

図4·15

4 電源脱落時の周波数，潮流変化

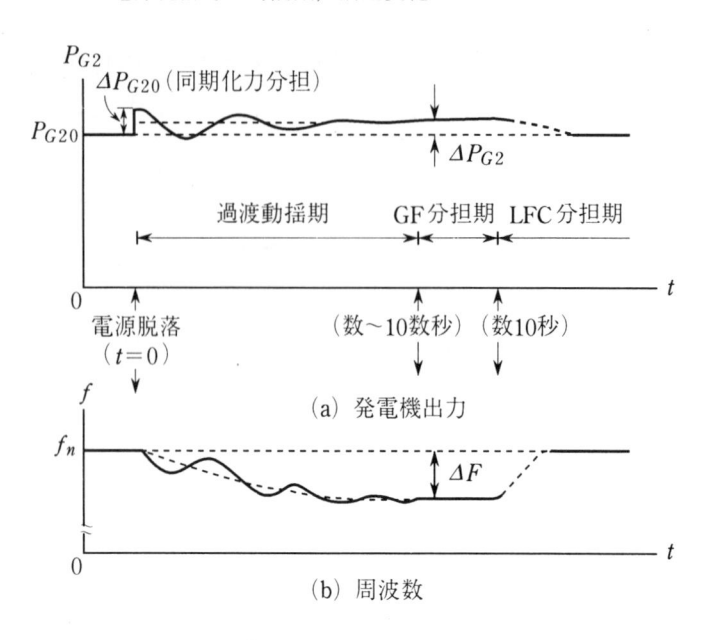

図4·16 電源脱落時の電力,周波数変化例

(a) 発電機出力

(b) 周波数

各発電機の負荷分担は電源脱落直後には4·3(1)項により，同期化力または短絡容量に比例して各発電機に分担され，その後発電機の運動方程式にしたがった過渡動揺期をへて，定常時には，上記の系統定数すなわち近似的には系統容量比による分担となる．この間の変化を概念的に示せば，図4·16となる．

　ガバナフリー運転のみでは電源脱落時や，負荷変化時に周波数変化が残るので，これを基準周波数に回復するために負荷周波数制御（Load Frequency Control, LFC. または自動周波数制御（Automatic Frequency Control, AFC）とも呼ばれる）によって発電力が調整され，周波数および連系線潮流は基準値に維持される．

負荷周波数制御
自動周波数制御

5 系統並列時の動揺

5・1 ループ系統の開閉

(1) 定常時の潮流変化

電力潮流変化　図5・1のループ送電系統で①②間のループ相差角がδ〔rad〕のとき，このループを閉じたときのループ送電線の定常時の電力潮流変化P_l〔PU〕は，近似的に次のように求められる．

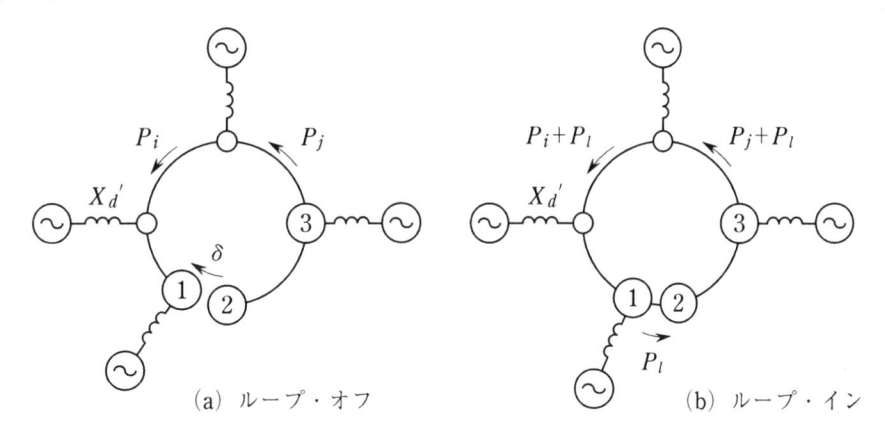

(a) ループ・オフ　　　　　(b) ループ・イン

図5・1　ループ系統

$$P_l = \frac{\delta}{X_l} \text{〔PU〕} \tag{5・1}$$

ループ・リアクタンス　　ここに，X_l：ループ・リアクタンス〔PU〕（図5・1のような単ループではループ内のすべてのブランチのリアクタンスの和に等しい）

ただし，ループインピーダンスの抵抗分は，リアクタンス分に比べて充分に小さいものとし，系統電圧はほぼ基準値（1〔PU〕）に等しいものとする．逆に潮流P_lの
ループ相差角　ループ区間を開放したときに現れるループ相差角δは

$$\delta = X_l P_l \text{〔rad〕} \tag{5・2}$$

(2) 過渡時の潮流変化

ループ電力潮流　図5・1の①②間をループ・インした直後のループ電力潮流P_l'は，近似的に次式から求められる．

$$P_l' = \frac{\delta}{X_l'} \text{〔PU〕} \tag{5・3}$$

ここに，X_l'：過渡時のループ・リアクタンス〔PU〕

−39−

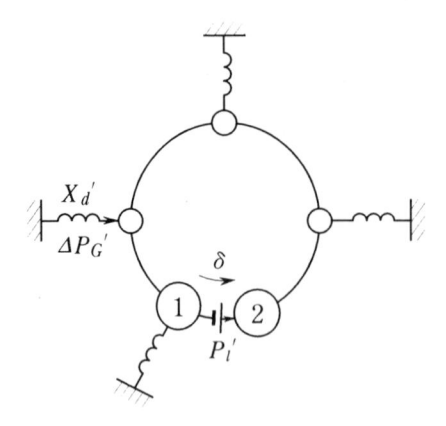

図5·2 ループ・イン時の過渡時等価回路

X_l'は，図5·2のように発電機を過渡リアクタンスX_d'のみで表わした回路において，ループ・イン点からみたリアクタンスである（負荷インピーダンスは近似的に無視）．(5·2)式のX_lは，同図で発電機の過渡リアクタンスをすべて無限大（開放）としたときの値に等しい．ループ・イン直後の過渡時等価回路は図5·2で表わされる．ループ相差角δに等しい直流電圧をループ・イン点に加えたとき各部の電流はループ・イン直後の電力潮流変化分にほぼ等しい．発電機の過渡リアクタンスX_d'をすべて無限大とすれば，(5·1)式に相当するループ・イン後の定常時の潮流変化分が求められる．

潮流P_lのループ区間を開放した直後に現れる過渡時のループ相差角δ'は

$$\delta' = X_l' P_l \ [\mathrm{rad}] \tag{5·4}$$

ループ開閉時の潮流，相差角の変化は，およそ図5·3となる．

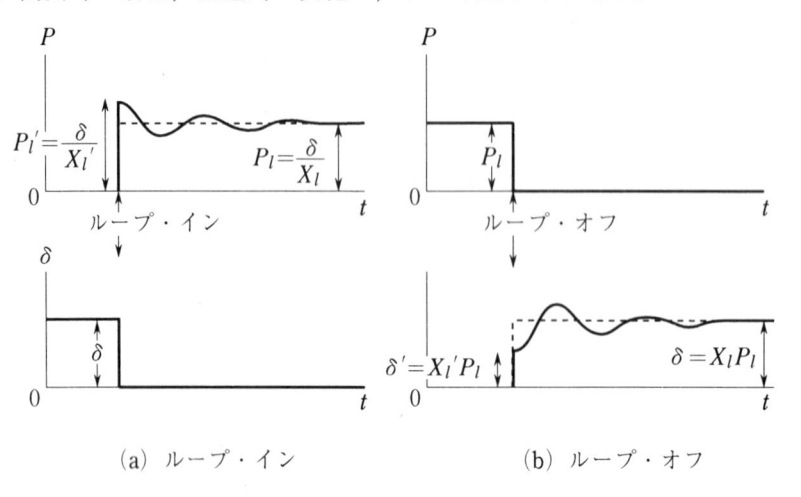

(a) ループ・イン (b) ループ・オフ

図5·3 ループ開閉時の動揺

ループ・イン点の両端電圧の大きさに差があるときは電圧差に対応した無効電流が流れる．

ループ相差角
ループ潮流

潮流の重い区間でループを開放すると，ループ相差角が過大となって，発電機が脱調することがある．ループ相差角の安定限界は発電機や負荷の構成によって異なるが，一応の目安として1[rad]=57.3°程度とみれば，安定に開放できるループ潮流P_{lm}は(5·2)式で$\delta=1$[rad]として

$$P_{lm} = \frac{1}{X_l} \ [\mathrm{PU}] \tag{5·5}$$

このP_{lm}は，ループ系統の安定限界送電容量に関して一つの目安を与える．

5・2 異系統並列

(1) 異系統並列時の動揺

異系統を並列するとき，両系統の周波数と電圧の大きさ，位相角が全く等しければ，並列直後の動揺はないが，実系統でこれらを完全に一致させることはむずかしい．ここでは1台の発電機を本系統に並列する際，相差角$\Delta\delta_0$〔rad〕と周波数差Δf_0〔Hz〕があるときに，どの程度の発電機動揺を生ずるかを調べる．

図5・4で並列後の本系統に対する発電機過渡内部電圧位相角の動揺$\Delta\delta$は，(付録・2)の(付2・6)式より次のように表わせる．

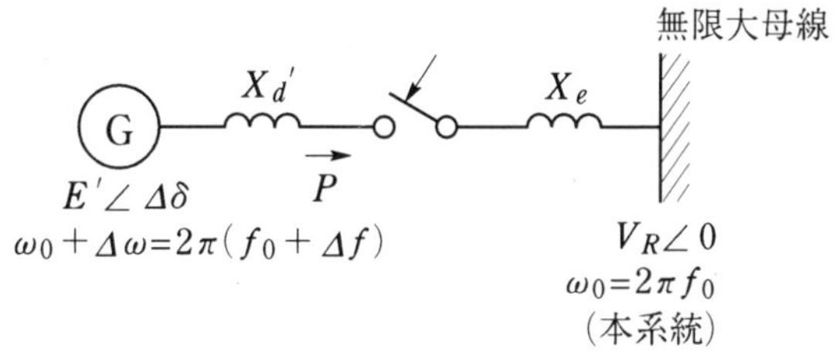

図5・4 異系統並列

$$\Delta\delta = \Delta\delta_m \varepsilon^{-\alpha t}\cos(\beta t + \gamma) \tag{5・6}$$

ここに，$\alpha = \dfrac{D}{2M}$

$$\beta = \sqrt{\dfrac{K\omega_n}{M} - \left(\dfrac{D}{2M}\right)^2}, \quad K = \dfrac{E'V_R}{X_d' + X_e}\cos\Delta\delta \fallingdotseq \dfrac{E'V_R}{X_d' + X_e}$$

ただし，$\Delta\delta$は，$\Delta P = K\Delta\delta$が成立つ範囲の比較的小さな値とする．本系統に対する周波数差Δf〔Hz〕は，

$$\begin{aligned}\Delta f &= \dfrac{\Delta\omega}{2\pi} = \dfrac{1}{2\pi}\dfrac{d\Delta\delta}{dt} \\ &= -\dfrac{\Delta\delta_m}{2\pi}\varepsilon^{-\alpha t}\{\alpha\cos(\beta t + \gamma) + \beta\sin(\beta t + \gamma)\} \\ &\fallingdotseq -\dfrac{\beta\Delta\delta_m}{2\pi}\varepsilon^{-\alpha t}\sin(\beta t + \gamma)\end{aligned} \tag{5・7}$$

(∵ 通常$\alpha \ll \beta$)

並列時$t = 0$において，$\Delta\delta = \Delta\delta_0$，$\Delta f = \Delta f_0$であるから，(5・6)，(5・7)式より

$$\left.\begin{aligned}\Delta\delta_0 &= \Delta\delta_m\cos\gamma \\ \Delta f_0 &= -\dfrac{\beta\Delta\delta_m}{2\pi}\sin\gamma\end{aligned}\right\} \tag{5・8}$$

$$\tan\gamma = -\dfrac{2\pi\Delta f_0}{\beta\Delta\delta_0} \tag{5・9}$$

$$\therefore \Delta\delta_m = \frac{\Delta\delta_0}{\cos\gamma} = \Delta\delta_0\sqrt{1+\tan^2\gamma}$$

$$= \sqrt{\Delta\delta_0^2 + \frac{4\pi^2\Delta f_0^2}{\beta^2}} \qquad (5\cdot 10)$$

$$\Delta f_m = \frac{\beta\Delta\delta_m}{2\pi} = \sqrt{\frac{\beta^2\Delta\delta_0^2}{4\pi^2} + \Delta f_0^2} \qquad (5\cdot 11)$$

〔問題9〕無負荷発電機を本系統に並列するとき，次の場合において，発電機出力動揺を定格出力 P_n〔MW〕の20％以下とするための周波数差 Δf_0〔Hz〕，相差角 $\Delta\delta_0$〔°〕を求めよ．ただし，$\frac{K}{P_n}=2$，$\frac{M}{P_n}=8$〔s〕，$\frac{D}{P_n}=5$，周波数は 50〔Hz〕とする．

(1) $\Delta\delta_0=0$ のとき Δf_0
(2) $\Delta f_0=0$ のとき $\Delta\delta_0$

〔解答〕

$$0.2 > \frac{\Delta P_m}{P_n} = \frac{K\Delta\delta_m}{P_n} = 2\Delta\delta_m$$

$$\therefore \Delta\delta_m < 0.1 \ \text{〔rad〕}$$

$$\beta = \sqrt{\frac{K\omega_n}{M} - \left(\frac{D}{2M}\right)^2} = \sqrt{\frac{(K/P_n)\omega_n}{M/P_n} - \left(\frac{D/P_n}{2M/P_n}\right)^2}$$

$$= \sqrt{\frac{2\times 2\pi\times 50}{8} - \left(\frac{5}{2\times 8}\right)^2} = \sqrt{78.54 - 0.098} = 8.857$$

したがって (5・10) 式より

$$\sqrt{\Delta\delta_0^2 + \frac{4\pi^2\Delta f_0^2}{\beta^2}} = \Delta\delta_m < 0.1$$

① $\Delta\delta_0=0$ のとき

$$\Delta f_0 = \frac{\beta\Delta\delta_m}{2\pi} < \frac{8.857\times 0.1}{2\pi} = 0.141 \ \text{〔Hz〕}$$

② $\Delta f_0=0$ のとき

$$\Delta\delta_0 = \Delta\delta_m < 0.1 \ \text{〔rad〕} = 5.73°$$

安定並列限界

(2) 異系統の安定並列限界

異系統並列時の相差角 $\Delta\delta_0$ と周波数差 Δf_0 が過大な場合は，並列後の発電機動揺が大きくなって脱調に至る．ここでは，図5・4のように1台の発電機を本系統に並列するとき，脱調せずに，安定に同期並列可能な $\Delta\delta_0$，Δf_0 の限界を求める．*

簡単のために制動効果を無視すれば，図5・4で発電機の運動方程式は次のように表わせる．

$$\frac{M}{\omega_n}\frac{d^2\Delta\delta}{dt^2} + P_m\sin\Delta\delta = 0 \qquad (5\cdot 12)$$

---

* 梅津：電力系統における系統安定度に関する研究（電力中央研究所，昭37.11）

5・2 異系統並列

この式に $\dfrac{d\Delta\delta}{dt}$ を掛けて

$$\frac{M}{\omega_n}\frac{d^2\Delta\delta}{dt^2}\frac{d\Delta\delta}{dt}=-P_m\sin\Delta\delta\frac{d\Delta\delta}{dt} \qquad (5\cdot13)$$

これを $t=0\sim t$ まで積分すると，

$$\frac{M}{2\omega_n}\left(\Delta\omega_t{}^2-\Delta\omega_0{}^2\right)=P_m(\cos\Delta\delta_t-\cos\Delta\delta_0) \qquad (5\cdot14)$$

ここに，$\Delta\omega_t=\left(\dfrac{d\Delta\delta}{dt}\right)_{t=t}$, $\Delta\omega_0=\left(\dfrac{d\Delta\delta}{dt}\right)_{t=0}$

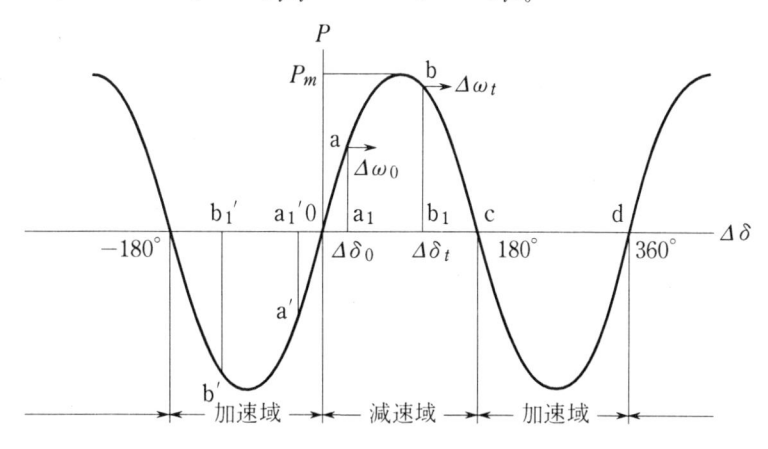

図 5・5　異系統並列時の $P-\Delta\delta$ 動揺

図 5・5 の電力・相差角曲線の a 点 ($0°<\Delta\delta_0<180°$) で，$\Delta\omega_0>0$ で並列した場合は $\Delta\delta$ は時間とともに増加するが，発電機の電気的出力 $P>0$ で機械的入力は $P_M\fallingdotseq 0$ であるから回転子は次第に減速される．b 点 ($0°<\Delta\delta_t<180°$) で $\Delta\omega_t=0$ となれば，引続いて減速力が働くから，a→b に向って減速され，減速エネルギー＝面積 $0abb_10$ と加速エネルギー＝面積 $0a'b'b_1'0$ が等しくなる b' 点に至って再び $\Delta\omega_t=0$ となる．

制動効果　以下 b'b 間の動揺を繰返すが，実系統では制動効果によって動揺は減衰し，最終的に 0 点に落着く．

脱調状態　a 点から出発して c 点に至っても $\Delta\omega>0$ の場合は，$\Delta\delta$ はさらに増加して加速域に入るため $\Delta\delta$ は c 点，d 点を通過し脱調状態となる（制動効果があれば $\Delta\omega$ は次第に減少し，数スリップ後に同期することがある）．

したがって最大相差角が 180° を超えずに，すなわち脱調状態をへないでスリップなしに並列できるためには，(5・14) 式で，$\Delta\omega_t=0$ のとき，$0<\Delta\delta_t<180°$（すなわち $1>\cos\Delta\delta_t>-1$）の範囲にあることが必要となる．(5・14) 式で，$\Delta\omega_t=0$，$1>\cos\Delta\delta_t>-1$ とすると，

$$P_m(1-\cos\Delta\delta_0)>-\frac{M\Delta\omega_0{}^2}{2\omega_n}>P_m(-1-\cos\Delta\delta_0) \qquad (5\cdot15)$$

安定並列範囲　この左側の不等式は当然成立つから，右側の不等式より，安定並列範囲は次のように求まる．

$$\sqrt{\frac{2P_m\omega_n}{M}(1+\cos\Delta\delta_0)}>\Delta\omega_0>0 \qquad (180°>\Delta\delta_0>0) \qquad (5\cdot16)$$

次に，図5・5のa′点$(-180°<\Delta\delta_0<0°)$で$\Delta\omega_0>0$で並列した場合は，加速域にあるから$\Delta\delta_0$は増加するが，a点$\left(\overline{0a_1'}=\overline{0a_1}\right)$ではその点に至るまでの加速エネルギー＝面積$0a'a_1'0$と減速エネルギー＝面積$0aa_10$が等しいので，$\Delta\omega=\Delta\omega_0$となり，a点で$\Delta\omega_0>0$で並列した場合と条件は等しくなるから，安定条件は$(5\cdot16)$式と等しい．

また，a点で$\Delta\omega_0<0$で並列した場合にはa′点，$\Delta\omega_0>0$の場合と，$\Delta\delta_0$，$\Delta\omega_0$，加速力の符号が異なるだけで安定限界の絶対値は等しいから

$$-\sqrt{\frac{2P_m\omega_n}{M}(1+\cos\Delta\delta_0)}<\Delta\omega_0<0 \tag{5・17}$$

安定並列限界　$(5\cdot16)$，$(5\cdot17)$式をまとめて，安定並列限界は次式で表わせる．

$$\frac{2P_m\omega_n}{M}(1+\cos\Delta\delta_0)>\Delta\omega_0^2 \tag{5・18}$$

〔問題10〕図5・4の無負荷発電機をスリップなしに同期並列できるためには，並列時の相差角$\Delta\delta_0$，周波数差Δf_0はどの程度の範囲にあればよいか．ただし，$\dfrac{P_m}{P_n}=1$，$\dfrac{M}{P_n}=8$〔s〕，周波数は50〔Hz〕とする．

〔解答〕$(5\cdot18)$式より

$$\Delta f_0^2=\frac{\Delta\omega_0^2}{4\pi^2}<\frac{P_m f_n}{\pi M}(1+\cos\Delta\delta_0)$$
$$=\frac{1\times50}{\pi\times8}(1+\cos\Delta\delta_0)=1.9894\times(1+\cos\Delta\delta_0)$$

これは，図5・6となる．

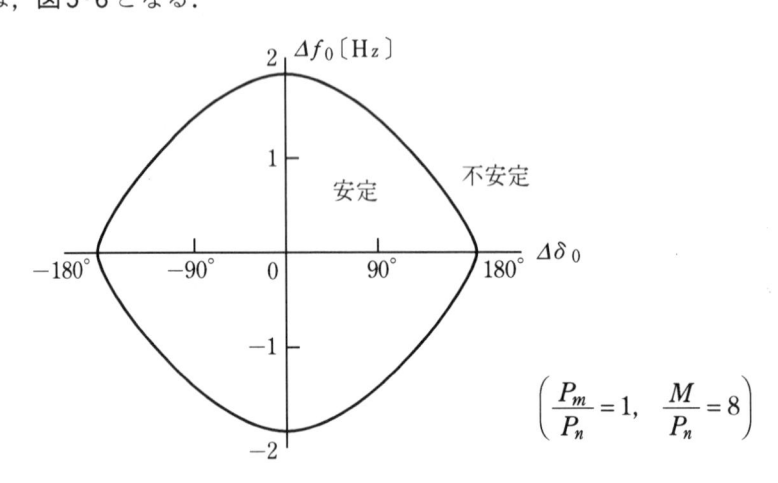

図5・6　異系統安定並列限界例

付録・1　界磁鎖交磁束の変化

直軸等価回路　　界磁回路からみた直軸等価回路（小文字表示）について，界磁巻線の鎖交磁束数ψ_{fd}は，

$$\psi_{fd} = l_f i_f - m_{afd} i_d \tag{付1・1}$$

ここに，i_f：界磁電流

i_d：界磁巻線側からみた電機子直軸電流（遅れ電流を正とする）

$l_f = l_{fl} + m_{afd}$：界磁巻線自己インダクタンス

l_{fl}：界磁巻線漏れインダクタンス

m_{afd}：界磁巻線と等価直軸電機子巻線との相互インダクタンス

直軸回路　　また，電機子回路からみた直軸回路（大文字表示）は，

$$\left.\begin{array}{l} X_d = X_{al} + X_{afd} \\ X_d' = X_{al} + \dfrac{X_{afd} X_{fl}}{X_{afd} + X_{fl}} \end{array}\right\} \tag{付1・2}$$

ここに，X_{al}, X_{fl}：電機子巻線，界磁巻線の漏れリアクタンス

X_{afd}：電機子巻線と界磁巻線との相互リアクタンス

であるから

$$X_d - X_d' = \frac{X_{afd}^2}{X_{afd} + X_{fl}} = \frac{m_{afd} X_{afd}}{l_f} \tag{付1・3}$$

$$\left(\because \frac{X_{afd}}{X_{afd} + X_{fl}} = \frac{m_{afd}}{m_{afd} + l_{fl}} = \frac{m_{afd}}{l_f}\right)$$

無負荷定格電圧V_nを誘起する界磁電流をI_{fn}とすれば

$$V_n = X_{afd} I_{fn} \tag{付1・4}$$

(1・12)式に(付1・3)式を代入して

$$E_q' = E_f - \frac{m_{afd} X_{afd} I_d}{l_f} \tag{付1・5}$$

ただし，(1・12)式の$\dot{E}_q'$, $\dot{E}_f$, $j(X_d - X_d')\dot{I}_d$は同相となるから，実数表示としてある．(付1・5)式を(付1・4)式で割って

$$\frac{E_q'}{V_n} = \frac{E_f}{V_n} - \frac{m_{afd} I_d}{l_f I_{fn}} \tag{付1・6}$$

これに，$\dfrac{E_f}{V_n} = \dfrac{i_f}{i_{fn}}$, $\dfrac{I_d}{I_{fn}} = \dfrac{i_d}{i_{fn}}$を代入して，

$$\frac{E_q'}{V_n} = \frac{i_f}{i_{fn}} - \frac{m_{afd} i_d}{l_f i_{fn}}$$

付・1 界磁鎖交磁束の変化

$$= \frac{l_f i_f - m_{afd} i_d}{l_f i_{fn}} = \frac{\psi_{fd}}{l_f i_{fn}} \qquad (付1\cdot 7)$$

すなわち E_q' は界磁鎖交磁束数 ψ_{fd} に比例する．

過渡時には次式が成立つ．

$$\begin{aligned}e_{fd} &= \frac{d\psi_{fd}}{dt} + r_f i_f \\ &= l_f i_{fn} \frac{d}{dt}\left(\frac{E_q'}{V_n}\right) + r_f i_f \end{aligned} \qquad (付1\cdot 8)$$

ここに，e_{fd}：界磁電圧
　　　　r_f：界磁巻線抵抗

これを，無負荷定格電圧を誘起する界磁電圧 $e_{fdn} = r_f i_{fn}$ で割って

$$\frac{e_{fd}}{e_{fdn}} = \frac{l_f}{r_f}\frac{d}{dt}\left(\frac{E_q'}{V_n}\right) + \frac{i_f}{i_{fn}} \qquad (付1\cdot 9)$$

e_{fdn}, i_{fn}, V_n を基準とする単位法で表わせば

$$E_{fd}\,[\mathrm{PU}] = \frac{e_{fd}}{e_{fdn}} \qquad (付1\cdot 10)$$

$$\left.\begin{aligned} E_q'\,[\mathrm{PU}] &= \frac{E_q'}{V_n} \\ E_f\,[\mathrm{PU}] &= \frac{E_f}{V_n} = \frac{i_f}{i_{fn}} \end{aligned}\right\} \qquad (付1\cdot 10)$$

また，$T_{d0}' = l_f/r_f$ であるから (付1・9) 式は単位法では次のように表わせる．

$$E_{fd}\,[\mathrm{PU}] = T_{d0}'\frac{dE_q'\,[\mathrm{PU}]}{dt} + E_f\,[\mathrm{PU}] \qquad (付1\cdot 11)$$

付録・2　系統動揺時の制動効果

図3・2(a)で，制動効果のある場合について，c点を中心とした小さな振動ΔP, $\Delta \delta$は次のように表わせる．

$$\Delta P = K \Delta \delta \tag{付2・1}$$

$$K = \left(\frac{\partial P}{\partial \delta}\right)_{\delta=\delta_c} = \left[\frac{\partial}{\partial \delta}\left(\frac{E'V_R}{X_2}\sin\delta\right)\right]_{\delta=\delta_c} = \frac{E'V_R}{X_2}\cos\delta_c \tag{付2・2}$$

$$\left.\begin{aligned} P &= P_M + \Delta P = P_M + K\Delta\delta \\ \delta &= \delta_c + \Delta \delta \\ X_2 &= X_d' + X_e \end{aligned}\right\} \tag{付2・3}$$

$$\left.\begin{aligned} \frac{d\delta}{dt} &= \frac{d\Delta\delta}{dt} \\ \frac{d^2\delta}{dt^2} &= \frac{d^2\Delta\delta}{dt^2} \end{aligned}\right\} \tag{付2・4}$$

(付2・3), (付2・4)式を (1・29)式に代入して

$$\frac{M}{\omega_n}\frac{d^2\Delta\delta}{dt^2} + \frac{D}{\omega_n}\frac{d\Delta\delta}{dt} + K\Delta\delta = 0 \tag{付2・5}$$

この解は次のように表わせる．

$$\Delta\delta = \Delta\delta_m \varepsilon^{-\alpha t}\cos(\beta t + \gamma) \tag{付2・6}$$

$$\left.\begin{aligned} \alpha &= \frac{D}{2M} \\ \beta &= \sqrt{\frac{K\omega_n}{M} - \left(\frac{D}{2M}\right)^2} \end{aligned}\right\} \tag{付2・7}$$

$$\left(通常, \ \frac{K\omega_n}{M} - \left(\frac{D}{2M}\right)^2 > 0\right)$$

(付2・6)式が(付2・5)式を満足することは次のようにして示される．

$$\frac{d\Delta\delta}{dt} = -\Delta\delta_m \alpha \varepsilon^{-\alpha t}\cos(\beta t + \gamma) - \Delta\delta_m \varepsilon^{-\alpha t}\beta\sin(\beta t + \gamma) \tag{付2・8}$$

$$\begin{aligned}\frac{d^2\Delta\delta}{dt^2} &= \Delta\delta_m \alpha^2 \varepsilon^{-\alpha t}\cos(\beta t + \gamma) + \Delta\delta_m \alpha\beta\varepsilon^{-\alpha t}\sin(\beta t + \gamma) \\ &\quad + \Delta\delta_m \alpha\beta\varepsilon^{-\alpha t}\sin(\beta t + \gamma) - \Delta\delta_m \beta^2 \varepsilon^{-\alpha t}\cos(\beta t + \gamma)\end{aligned} \tag{付2・9}$$

付·2 系統動揺時の制動効果

$$(付2 \cdot 6) \times K\omega_n + (付2 \cdot 8) \times D + (付2 \cdot 9) \times M$$
$$= \Delta\delta_m \varepsilon^{-\alpha t}\{(K\omega_n - \alpha D + M\alpha^2 - M\beta^2)\cos(\beta t + \gamma)$$
$$- (D - 2M\alpha)\beta\sin(\beta t + \gamma)\} \qquad (付2 \cdot 10)$$

ここで

$$K\omega_n - \alpha D + M(\alpha^2 - \beta^2)$$
$$= K\omega_n - \frac{D^2}{2M} + M\left[\left(\frac{D}{2M}\right)^2 - \left\{\frac{K\omega_n}{M} - \left(\frac{D}{2M}\right)^2\right\}\right]$$
$$= K\omega_n - \frac{D^2}{2M} + \frac{D^2}{4M} - K\omega_n + \frac{D^2}{4M} = 0 \qquad (付2 \cdot 11)$$

$$D - 2M\alpha = 0 \qquad (付2 \cdot 12)$$

であるから(付2·10)式＝0となり(付2·6)式は(付2·5)式を満足する．

(付2·7)式から，制動効果がある場合は，ない場合($D=0$)に比べて，βはやや小さく，すなわち動揺周期$T = \dfrac{2\pi}{\beta}$はやや長くなり，振幅は時定数$\dfrac{1}{\alpha} = \dfrac{2M}{D}$で減衰することがわかる．

付録・3　過渡安定限界故障遮断時間の求め方

故障前
ベクトル図

図3・1の系統の故障前ベクトル図は，$V_S = V_R$とすれば，付図3・1となる．これより

$$\frac{X_l I}{4} = V_S \sin\frac{\beta}{2} \tag{付3・1}$$

β：送電線の送受電端電圧間相差角

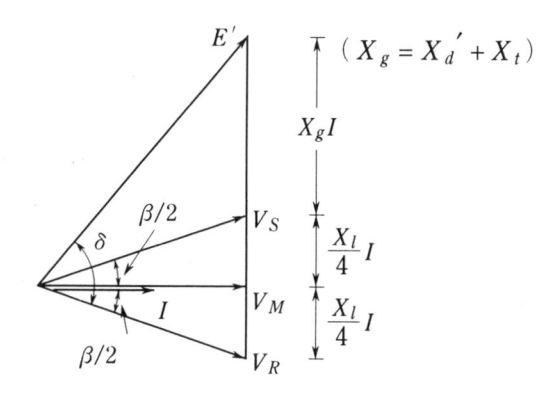

付図3・1　故障前ベクトル図

故障前出力

故障前出力は

$$P_0 = I V_S \cos\frac{\beta}{2}$$

$$= \left(\frac{4V_S}{X_l}\sin\frac{\beta}{2}\right)\left(V_S\cos\frac{\beta}{2}\right)$$

$$= \frac{2V_S^2}{X_l}\sin\beta \tag{付3・2}$$

$$\therefore \quad \beta = \sin^{-1}\left(\frac{X_l P_0}{2V_S^2}\right) \tag{付3・3}$$

過渡内部電圧

発電機の過渡内部電圧は

$$E'^2 = \left(V_S\cos\frac{\beta}{2}\right)^2 + I^2\left(X_g + \frac{X_l}{4}\right)^2$$

$$= \left(V_S\cos\frac{\beta}{2}\right)^2 + \frac{P_0^2\left(X_g + \frac{X_l}{4}\right)^2}{\left(V_S\cos\frac{\beta}{2}\right)^2} \tag{付3・4}$$

$$P_0 = \frac{E' V_R}{\left(X_g + \frac{X_l}{2}\right)}\sin\delta_0 \tag{付3・5}$$

付・3 過渡安定限界故障遮断時間の求め方

$$\therefore \delta_0 = \sin^{-1}\left\{\frac{P_0\left(X_g + \dfrac{X_l}{2}\right)}{E'V_R}\right\} \tag{付3・6}$$

$$r_2 = \frac{X_g + \dfrac{X_l}{2}}{X_g + X_l} \tag{付3・7}$$

また，$P_0 = P_m \sin\delta_0 = r_2 P_m \sin\delta_m$ (付3・8)

$$\therefore \delta_m = \sin^{-1}\left(\frac{\sin\delta_0}{r_2}\right) + 90° \quad (90° \leq \delta_m \leq 180°) \tag{付3・9}$$

(付3・6)，(付3・7)，(付3・9)式を(3・19)式に代入してδ_cを求め(3・24)式よりt_cが求められる．

付録·4 電源の周波数特性

周波数特性定数

次のような発電機運転条件において，周波数がΔf〔Hz〕変化したときの，電源の周波数特性定数K_Gを求める．
(1) 系統に並列された発電機の合計出力をP〔MW〕とする．
(2) ガバナフリー発電機の定格出力をP_{GFn}〔MW〕，調定率をRとする．
(3) ガバナフリー発電機は付図4·1のように，運転出力$P_{GF}+\Delta P_{LL}$〔MW〕の点に負荷制限用電動機(Load Limit Motor, LLM)を設定してある．
(4) ΔP_{LL}に対応する周波数変化を

$$\frac{\Delta f_{LL}}{f_n} = -R \text{〔PU〕} \left(\frac{\Delta P_{LL}}{P_{GFn}}\right) \text{〔PU〕} \tag{付4·1}$$

とする．
(5) ガバナの不感帯は無視する．

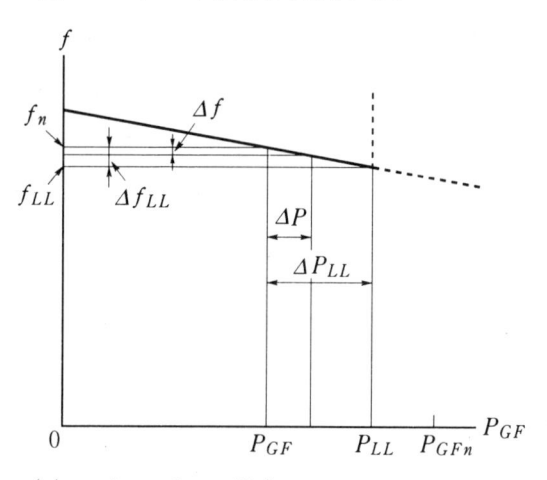

付図4·1 ガバナフリー運転特性

発電機の出力変化

(a) $\Delta f \leq \Delta f_{LL}$の場合
発電機の出力変化ΔP〔MW〕は

$$\frac{\Delta P}{P_{GFn}} = -\frac{1}{R\,\text{PU}}\left(\frac{\Delta f}{f_n}\right) \text{〔MW〕} \tag{付4·2}$$

$$\therefore\ K_G = -\frac{\Delta P/P}{\Delta f/f_n} = \frac{P_{GFn}}{R\text{〔PU〕}P} \text{〔PU〕} \tag{付4·3}$$

すなわち，全発電機が定格出力でガバナフリー運転時には，$P_{GFn}=P$でK_G〔PU〕$=1/R$〔PU〕となるが，ガバナフリー発電機容量が減るとK_Gも減少する．

(b) $\Delta f > \Delta f_{LL}$の場合

$$\frac{\Delta P}{P_{GFn}} = \frac{\Delta P_{LL}}{P_{GFn}} = -\frac{1}{R\,\text{〔PU〕}}\left(\frac{\Delta f_{LL}}{f_n}\right) \text{〔MW〕} \tag{付4·4}$$

付・4　電源の周波数特性

$$\therefore K_G = -\frac{\Delta P/P}{\Delta f/f_n} = \left(\frac{P_{GFn}}{R〔PU〕P}\right)\left(\frac{\Delta f_{LL}}{\Delta f}\right) 〔PU〕 \quad (付4\cdot5)$$

したがって，K_G は Δf に反比例して減少することになる．

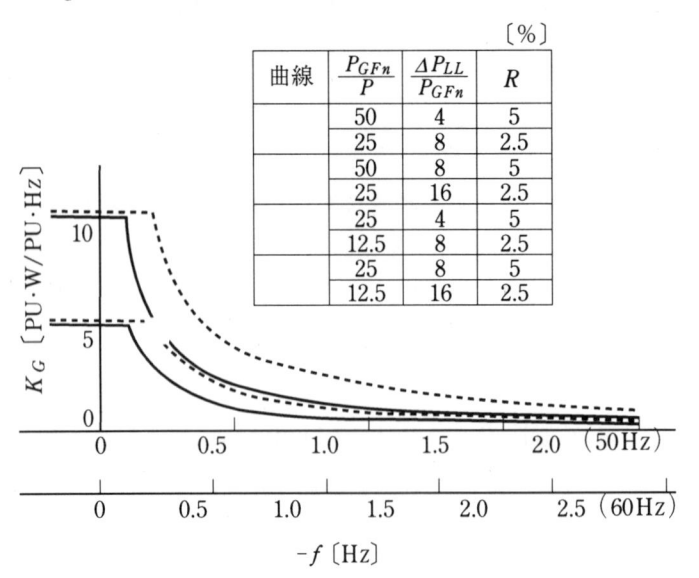

曲線	$\dfrac{P_{GFn}}{P}$	$\dfrac{\Delta P_{LL}}{P_{GFn}}$〔%〕	R
	50	4	5
	25	8	2.5
	50	8	5
	25	16	2.5
	25	4	5
	12.5	8	2.5
	25	8	5
	12.5	16	2.5

付図 4・2　周波数低下と電源周波数特性定数

付図 4・2 に Δf と K_G の関係の例を示す．

索 引

英字

1回線遮断	17
X_d'モデル	3

ア行

安定限界	20
安定限界故障遮断相差角	20
安定限界送電容量	23
安定並列限界	42, 44
安定並列範囲	43
異系統並列	41
運動方程式	11

カ行

ガバナフリー運転	29
ガバナ特性	25
過渡安定限界	20
過渡安定限界故障遮断時間	21
過渡安定限界電力	23
過渡安定度計算	14
過渡安定度送電容量係数	23
過渡突極性	5
過渡内部電圧	49
回転子の位相角動揺	2
界磁過渡電流	6
界磁鎖交磁束	5
系統周波数特性定数	27
系統容量	36
固有過渡安定度	1
故障前ベクトル図	49
故障前出力	49
高速度再閉路	23

サ行

磁束鎖交数	9
自動周波数制御	38
周波数特性定数	51
出力分担	32, 33
ステップ・バイ・ステップ計算	14
制動係数	9
制動効果	7, 43
相互同期化力	32
総合負荷特性	26
送電端短絡容量	22
送電亘長	23
速度・出力特性	24
速度調定率	24

タ行

脱調状態	43
短絡電流分布	32
中間開閉所	22
調速機	12, 24
調速機特性	33
直軸回路	45
直軸等価回路	45
定インピーダンス模擬	13
定電力運転	27
電圧調整器	12
電機子巻線端子電圧	10
電源脱落	26, 35
電源脱落時の周波数変化	28
電磁誘導電圧	10
電動機の機械的出力	8
電力・相差角曲線	4, 17
電力潮流変化	39
等面積法	20
突極性	5

ハ行

発電機の運動方程式	2, 9
発電機の出力分担	31
発電機の出力変化	51
発電機過渡リアクタンス	22

索 引

発電機慣性定数 22
発電機初期出力 22
発電機動揺 41
発電機内部電圧降下 3
負荷周波数制御 38
負荷特性定数 13
負荷特性模擬 13
負荷分担 34
負荷分担 等価回路 34

ヤ行

横軸過渡内部電圧 5

ラ行

ループ・リアクタンス 39
ループ相差角 39, 40
ループ潮流 40
ループ電力潮流 39
連系線潮流 35

d－book
過渡安定度と周波数変動計算

2001年6月11日　第1版第1刷発行

著　者　　新田目　倖造
発行者　　田中久米四郎
発行所　　株式会社電気書院
　　　　　東京都渋谷区富ケ谷二丁目2-17
　　　　　（〒151-0063）
　　　　　電話03-3481-5101（代表）
　　　　　FAX03-3481-5414
制　作　　久美株式会社
　　　　　京都市中京区新町通り錦小路上ル
　　　　　（〒604-8214）
　　　　　電話075-251-7121（代表）
　　　　　FAX075-251-7133

印刷所　創栄印刷株式会社
ⓒ2001 Kozo Aratame　　　　　　Printed in Japan
ISBN4-485-42991-1　　　［乱丁・落丁本はお取り替えいたします］

〈日本複写権センター非委託出版物〉

　本書の無断複写は，著作権法上での例外を除き，禁じられています．
　本書は，日本複写権センターへ複写権の委託をしておりません．
　本書を複写される場合は，すでに日本複写権センターと包括契約をされている方も，電気書院京都支社（075-221-7881）複写係へご連絡いただき，当社の許諾を得て下さい．